全国竜巻

竜巻のふしぎ

地上最強の気象現象を探る

森田正光，森さやか［著］

イラスト：川上智裕

共立出版

はじめに

1973年、共立出版から『たつまき・上』という本が出版されました。著者はシカゴ大学の教授で竜巻研究の第一人者、藤田哲也博士です。藤田博士は戦後アメリカに渡り、竜巻などのシビアウェザーの研究に身を投じ、もし、ノーベル賞に気象学の分野があれば間違いなく受賞したであろうと言われた人です。『たつまき・上』には、アメリカのトルネード（竜巻）の豊富な事例をもとに、地上最強の風が吹くメカニズムやその暴風による信じられないようなミステリーがふんだんに書かれています。私は若い頃にこの本を読み、下巻が出るのを心待ちにしていたことを覚えていますが、その後どういうわけか『たつまき・下』が発売されることはありませんでした。ちょうどその頃、アメリカでは航空機の飛行に大きな影響を与える突風が問題になっていました。そして、その突風がダウンバースト（下降噴流）であると藤田博士自身によって検証されたのは1970年代後半の事でした。したがって、藤田博士は『たつまき・下』に割く予定の時間をダウンバーストの研究に充てたのではないか、というのが私の推測です。

それにしても、日本では竜巻に関する本が非常に少なく、部分的に竜巻を扱っているものを除くと、竜巻を主題にした一般書は、私の知る限りこの40年間で1冊も出版されていません。

近年、局地的豪雨や都市型災害への関心が高まっており、一昔前に比べると竜巻などの映像も目にする機会が増えています。しかし、肝心な竜巻に関する知識となると、竜巻が起こるたびに「なぜ起こったか?」という因果論ばかりに目がいき、それで分かったような気になってしまいます。

防災の基本は、まず災害についてよく知ることですが、そのためには「なぜ起こったか?」ではなく、「どのようにして起こったか?」というプロセスこそが大切なのではないでしょうか。さらに言えば、気象現象は確率的に発生するので、同じような気象条件でも竜巻が必ず発生するとは限りません。ともすれば人は「あるかないか」や「イエスかノーか」と二者択一的に物事を判断しがちですが、気象現象に限って言えば、「絶対に起こる」などと言えることはそうないのです。

竜巻は特異な気象現象であり、個人にとっては遭遇確率の低い出来事でしょう。しかし、一度でもその現象に遭遇すると、大きな被害をこうむることになります。ですから、地震や津波と同じように竜巻の存在を知っておくことは、大変重要なことだと思います。

ところで、少し不謹慎な言い方になるかもしれませんが、人は災害に対して恐怖を感じるだけでなく、災害そのものをエンターテインメントのように感じて消費してしまうところがあります。人は自分の身に危険がないことが分かれば、他国の台風や洪水の映像も「可哀そうになぁ…」で済ませてしまうのです。

1969年8月、アメリカのフロリダ半島に巨大なハリケーン・カミルが迫っていました。この時、ハリケーンの暴風を一目見ようと、多くの人が海岸沿いの頑丈（と思われた）なモーテルに集まってハリケーンパーティーをしていました。ところが、カミルは秒速80メートル以上の暴風を吹かせて高潮を引き起こし、多くのパーティー参加者を海に飲み込んでしまったのです。

ともすれば、竜巻についても非日常的であるがゆえにその危険性を忘れて、テレビなどで流される映像を「楽しんでしまう」自分がいたりします。そのような時、竜巻に関する知識があれば、災害が自分にとってより身近なものになり、いざという時に身を守ることができるのだと思います。

本書では竜巻に関しての独自資料も作成し、最新の竜巻学の知見もできるだけ分かりやすくご紹介するよう心がけました。最後になりますが、元 東京航空地方気象台長の饒村曜氏には原稿に目を通していただき、適切なアドバイスを賜りました。この場を借りてお礼申し上げます。

2014年8月　森田正光

竜巻のふしぎ　目次

第2章 竜巻の姿と動き

第3章 竜巻の発生……69

第1章

竜巻の基本

豊橋市を襲ったF3の竜巻（1999年9月24日）（提供：豊橋市）

1 竜巻ってどんな形？

一口に「竜巻」と呼びますが、その形は千差万別で、太いものもあれば細いものもあります。しかも細いからといって破壊力が弱いとも限りません。竜巻はそれぞれ異なる顔を持っていて、一つとして同じ顔はありません。

竜巻の見た目と強さ

人は他人を見た目で判断してしまいがちです。しかし、一見強面の男性でも根は優しい人だったり、一見可愛らしい女性でも男勝りの性格だったりもします。これは竜巻の場合も同じです。例えば、白く細い竜巻はか弱く、黒く太い竜巻は強そうに見えますが、そうとも限りません。ひょろひょろでロープ状の頼りなさそうな形をしていても、秒速１００メートルの風を伴った竜巻もありますし、太く強そうに見えても中身はスカスカで、木を数本倒しただけで終わった竜巻もあります。つまり竜巻の見た目と強さは必ずしも一致しないのです。人も竜巻も見

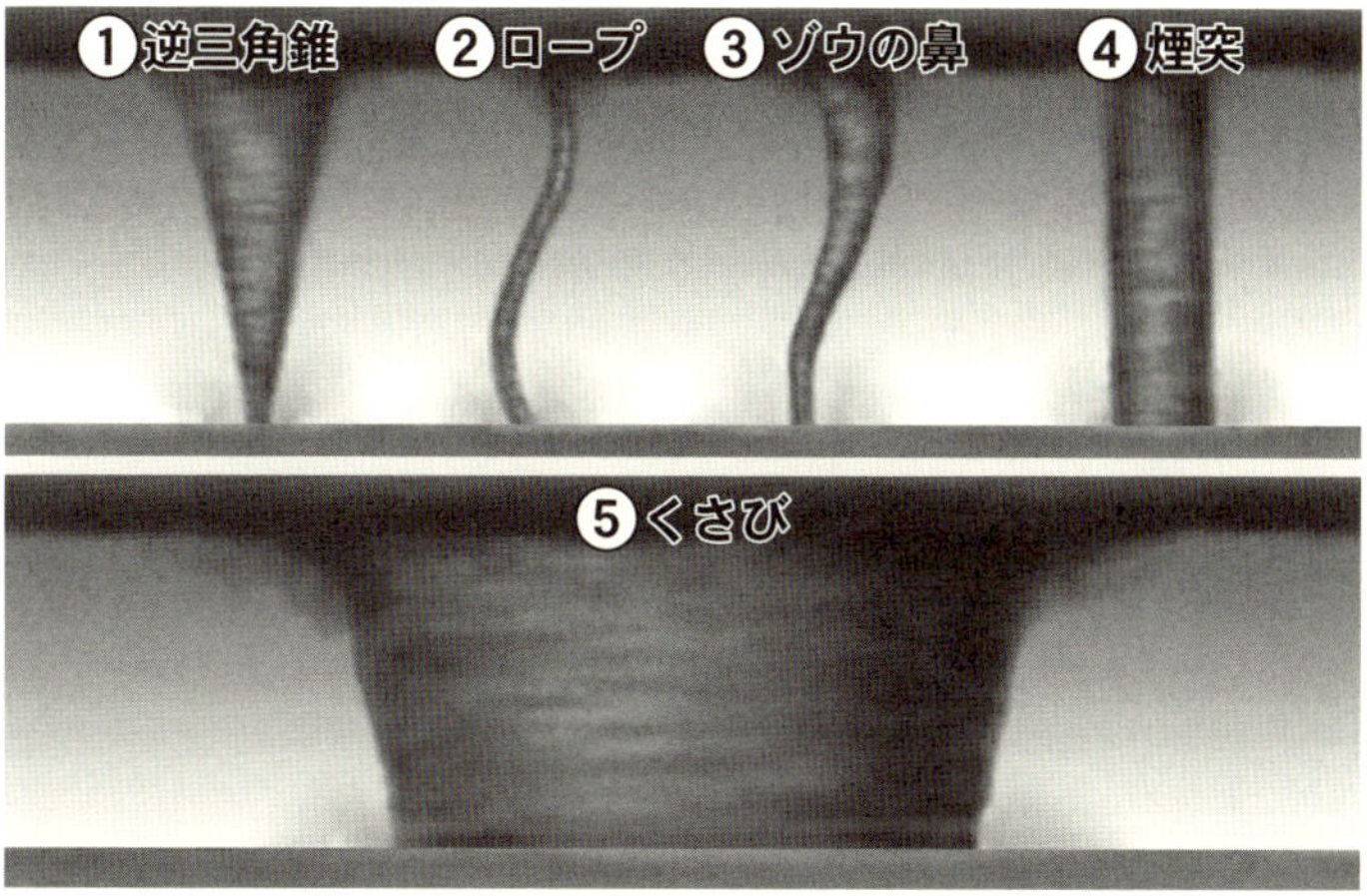

図1.1　竜巻の形のタイプ

た目で判断することは難しいようです。

竜巻の形のタイプ

竜巻の形は**図1・1**のように分類できます。よく見られるのは、上空ほど太くて下層ほど細い「①逆三角錐タイプ」、まるでアイスコーンのような形です。なぜ、このような形になるのでしょうか。

竜巻はがれきや砂ぼこりからできていると思っている人もいるかもしれませんが、実は雲の塊からできています。そして竜巻の雲のでき方は気温によって変化します。

このメカニズムは5頁で詳しく解説しますが、上空は気温が低く、水蒸気が冷えて雲になりやすい一方、地上近くは気温が高く、雲になりにくいのです。そのため竜巻は上空ほど太く、下層ほど細い逆三角錐に見えます。

一見、竜巻が逆三角錐に見えても、実際は円柱の形をしているので、地上では広い範囲で空気が渦を巻き、強い風が吹き荒れます。そのため竜巻の雲の周囲でも物が巻き上げられるのです。

次に、ひょろひょろ細長くて、曲がったり、ねじれたりする「②ロープタイプ」、これを少し太くした「③ゾウの鼻タイプ」があります。これらのタイプは名前の通りの形や動きをしているように見えるので、竜巻マニアに人気のようです。

また、上空と地上付近の幅がほとんど変わらない、円柱のような形をした「④煙突タイプ」、これよりもさらに幅が広くなり、幅が高さを上回るような巨大な「⑤くさびタイプ」もあります。

これらの形の違いには、空気中の水蒸気量、竜巻の発達段階、風の強さの違いなど、様々な条件が影響しています。竜巻を見た目だけで判断してはいけません。

2 竜巻ってどんな色?

竜巻の色は光の当たり具合によって明るくなったり、暗くなったり変化します。また、竜巻が巻き上げた土やがれきなどによって赤や黄色に、さらに雪を巻き上げると白に、水を巻き上げると青になることもあります。

竜巻の雲のでき方

信じられないかもしれませんが、目に見えない透明な竜巻が発生することがあります。姿も見せずに徐々に近づき、突然地上で猛威を振るうのです。この竜巻は何なのでしょうか。

竜巻の内部は気圧が非常に低いために、掃除機のように周囲の空気を吸い込みます。自然界はアンバランスな状態を嫌うので、気圧が低く空気が薄い所に向かって、外から空気が吹き込むのです。吹き込んだ空気が気圧の低い竜巻の内部に入ると、押さえ付けるものがなくなるため膨らみます。空気は膨らむ時にエネルギーを使うのですが、そのエネルギーを取り戻すため

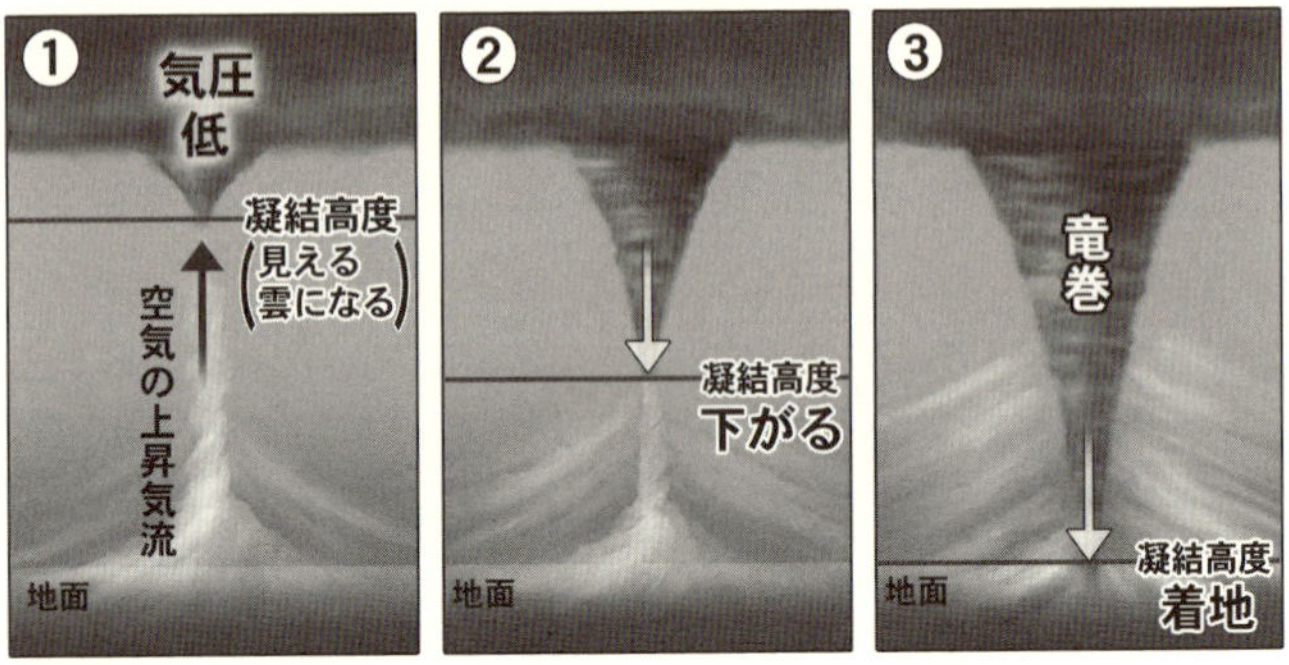

図1.2　竜巻の雲が発生するメカニズム

に今度は空気自身が温度を下げます。これをエネルギー保存則と呼びます。

このように空気が竜巻の内部に吸い込まれて急速に膨らみ同時に急激に冷えることで、空気中に含まれる水蒸気が水滴へと変わり、**図1・2**①のように雲ができます。これを凝結と呼びます。凝結高度が下がり（②）、やがて地面に着地すると竜巻になります（③）。

空気が非常に乾燥している砂漠や大平野では、空気中の水蒸気が少ないため、いくら冷やされても雲が発生しません。その結果、空気の渦はあっても目には見えない透明な竜巻になることがあるのです。また、竜巻の内部の気圧がそれほど低くなく、流れ込んだ水蒸気を水滴に変えるほど気温が下がらない場合にも、透明な竜巻になることがあります。

竜巻の色

竜巻の色にはこうした透明なものもあれば、きれいな純白

図1.3　『ツイスター』（1996年）のDVDジャケット

なもの、反対に邪悪そうな黒いものもあります。その色の違いの原因は太陽光です。竜巻の正面に太陽があると、竜巻は太陽光を浴びて白く明るく見えます。反対に竜巻の後ろ側に太陽があると、竜巻の影の部分が見えるために黒っぽく暗くなります。**図1・3**のように、映画『ツイスター』のＤＶＤジャケットに写っている竜巻は真っ黒なので、後ろ側に太陽があることになります。さらに、空を彩る朝焼けや夕焼け時の竜巻は、ピンク・黄色・オレンジなどの女性好みの淡い色に変身することもあります。

また、竜巻が巻き上げたものも竜巻の色に影響します。地面の赤土を巻き上げた場合は赤い竜巻になります。これはアメリカの大平野などで見られます。一方、住宅が密集しているような場所では、巻き上げたがれきなどで下層部ほど黒く見えたりもします。動きが遅い竜巻は巻き上げるがれきの量も増えるので、より濃い色になります。また、雪を巻き上げると白く、水を巻き上げると青く見えることもあります。

3 「竜巻」と呼ぶのはなぜ？

昔から人々は人知を超えた自然現象に畏怖の念を抱いてきました。これは現代にも通じる考え方とも言えますが、「竜巻」という自然現象の捉え方には、洋の東西を問わず、「神の力」という共通項がありました。

竜巻が生き物のように見えた

竜巻は自然現象の一つに過ぎないとは分かっていても、竜巻が意志を持って動いているのではないかと錯覚してしまうことがあります。突然空から舞い降りてきたかと思うと、いたずらな生き物のように荒れ狂い、その後何事もなかったかのように天に戻っていくようにも感じられます。

昔から人々は、乱暴に荒れ狂うその姿を「地上で餌を食べている蛇」「餌を探している象の鼻」などと呼んできました。自由自在に動き回る竜巻が単なる自然現象の枠を超えて、生命が宿った生き物のように見えたのでしょう。

竜巻に神の力を重ねた

昔の人々はこうも呼びました。「The finger of God（神の指）」。その超越的な威力に、神の力をも重ね合わせたのです。また、竜巻の英語名・トルネード（tornado）は雷雨を意味するスペイン語のトロナダ（tronada）が語源で、雷の神という言葉に由来しています。語源がスペイン語なのは、アメリカに来たスペイン人植民者たちが、トルネードを初めて見た時に現地の人々に教えたからとも言われています。同じtronadaからの派生語にThursdayがあります。英語の曜日は北欧神話に出てくる神の名前から付けられており、木曜日は雷神の日にあたるからです。

なお、台風を表すハリケーン（hurricane）も、スペイン語のウラカン（Hurakan）という神の名前に由来しています。ウラカンは海上で強風を吹かせ、洪水を起こしたマヤ文明の神です。天災を起こす脅威的な自然現象を、昔の人々は超越的な神の力と考えたのです。

日本語の「竜巻」の語源

では日本語の「竜巻」の語源は何でしょうか。それは中国語の「龍巻風」です。中国の古代神話に「有龍自天而降」という言葉があります。昔の人には、竜巻は竜が渦を巻きながら空から降りてくるように見えたのです。荒れ狂う渦が、象の鼻や蛇ではなく、天を自由自在に駆け回る巨大な竜に見えたのでしょう。

竜巻という言葉が日本に入ってくる以前は、「辻風《つじかぜ》」と呼ばれていました。鴨長明の『方丈記』によると、1180年5月25日、現在の京都市で大きな辻風が発生しました。風の通った後には、多くの家屋がぺしゃんこに潰れ、桁や柱だけになった家が残ったと記されています。また、ほぼ同じ頃に書かれた『大鏡』にも辻風についての記述があります。

この「辻」とは道路が交差している所、

四つ角という意味があり、転じて、道のぶつかる所で風が渦を巻く様子を重ねて使われるようになったという説があります。

辻風は昔から恐れられていて、今に伝わる不名誉なことわざがあります。「悪い友と辻風には出会うな」。竜巻の被害を受けないためには、その竜巻に遭わないようにすれば良く、同じように悪い友人とは最初から付き合わない方が良いという意味です。現在では辻風という言葉は竜巻よりもっと小さい「砂じん嵐」などについて用いられることがあります。

辻風のほかに「旋風」という言葉もありますが、これは今ではまったく別の意味で用いられています。周りに影響を及ぼすという意味から転じて、一過性の流行や突発的なブームを指して使われています。1995年、メジャーリーグに移籍した野茂英雄投手のトルネード投法が話題になり、「トルネード旋風」という言葉が連日マスコミをにぎわせました。「トルネード」に「旋風」、もとをたどれば同じ意味ですね。

4

竜巻で暴風が吹くのはなぜ?

地上最強の風を吹かせる竜巻ですが、最強クラスの竜巻は、秒速140メートル、時速にすると500キロもの暴風になると言われています。それは竜巻が小さな風の渦であるということに深く関係しています。小さいからこそ強いのです。

竜巻には謎が多い

自然現象を理解するには観察が最も重要なのは言うまでもありませんが、ただ漫然と眺めていても、その本質を知る事はできません。多くの人々の目撃や経験によって、自然界では時折、凄まじい嵐が起こることは昔から知られていましたが、その嵐の原因が低気圧だと発見されたのは、ほんの150年ほど前のことです。私たちは低気圧や台風などが嵐をもたらすことを知っていますが、その嵐の全容が解明されているわけではありません。中でも竜巻の実態となると事例が少なく、正確な観測技術がなかったこともあって、現在でも謎に満ちているのです。

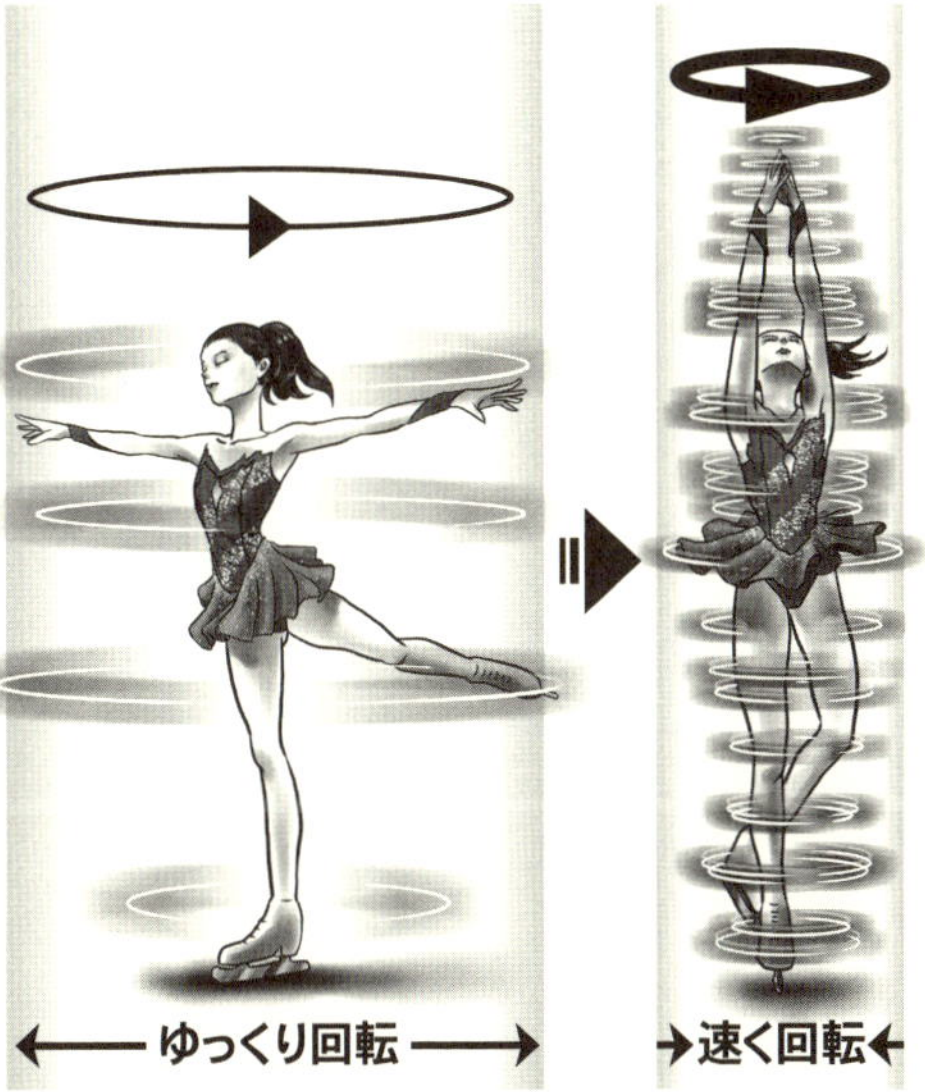

図1.4　手足の伸ばし方と回転速度

暴風が起こるしくみ

低気圧や台風によって暴風が起こる際の多くの場合、積乱雲という垂直に伸びた雲が発生しています。逆に言うと、積乱雲が発生しているということは、暴風がすでに起こっているか、これから起こる前ぶれでもあります。竜巻もまた積乱雲によって発生します。積乱雲は巨大なポンプのように下（地上付近）から上（空）へと空気を吸い上げます。この時、ただ単に空気を吸い上げるだけなら、せいぜい秒速十数メートルの強風を吹かせるだけで済みますが、竜巻の場合は「空気が回転しながら上昇する」というのが特徴です。

図1・4のように、フィギュアスケート

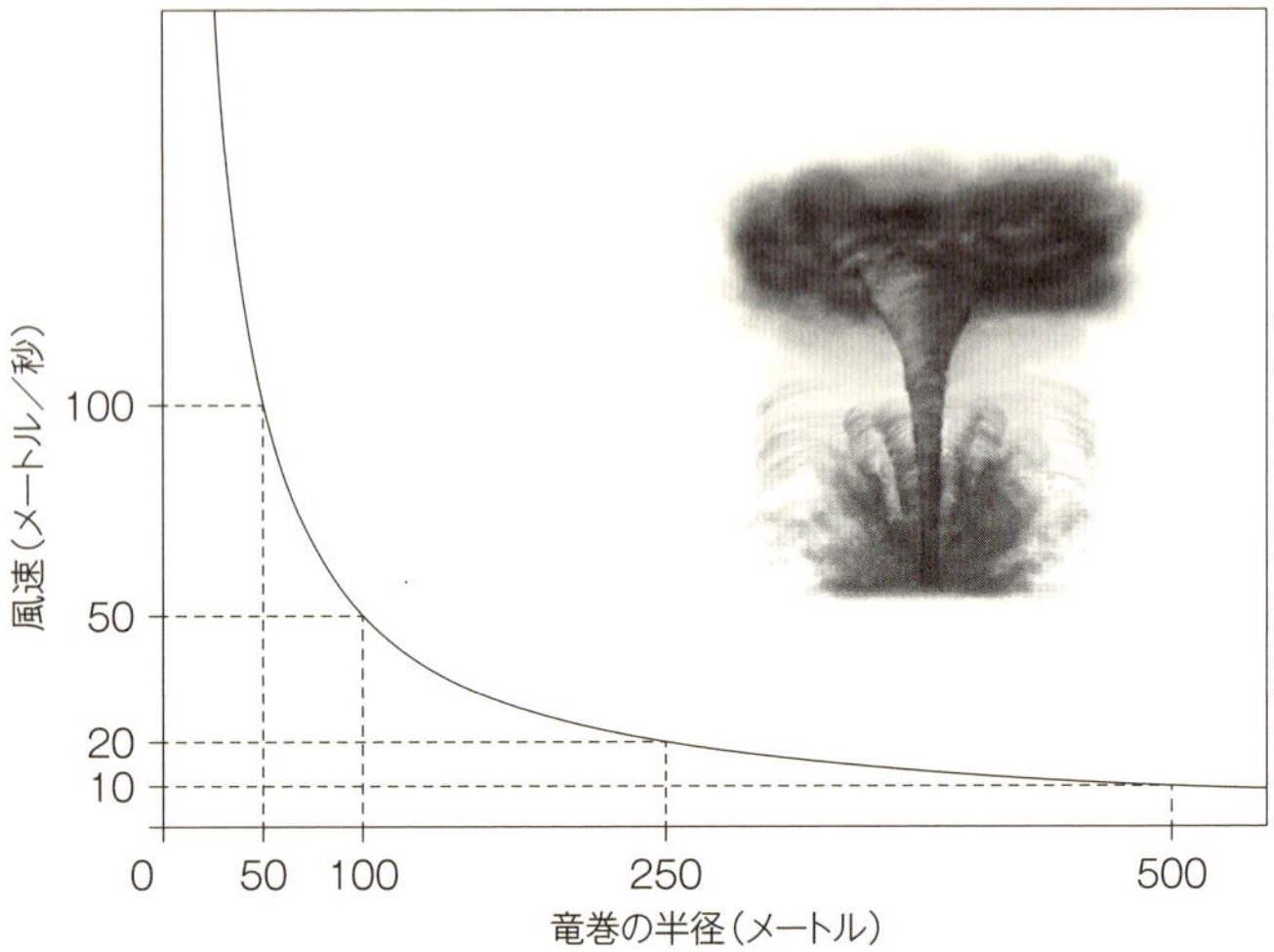

図1.5　竜巻の半径と風速の関係。竜巻の風速は竜巻の中心からの距離に反比例し、中心に近づくほど風速は大きくなる。

の選手はスピン（片足を軸にして同じ場所で回転する技）をする時、腕の伸ばし方と足の開き方で身体の回転速度を調節します。腕を横に伸ばして足を開いた時はゆっくり回転し、腕も足も閉じた時には速く回転します。つまり、回転する運動体は回転する半径が短くなるとスピードが増す、という性質があります。これを「角運動量保存則」と呼びます。

竜巻の半径と風速の関係

回転する空気もまた、半径が短くなるほどスピード（風速）が増します。簡単に言うと、空気の回転する半径が2分の1になれば風速は2倍、3分の1になれば3倍になるのです。この関係は**図1・5**のようになります。

積乱雲の吸い上げによって、地上に半径５００メートルの空気の渦ができ、秒速10メートルの風が吹いているとします。この風は中心に向かうにつれて速度を増し、中心から半径２５０メートルの位置では秒速20メートル、中心から半径１００メートルの位置では秒速50メートルになります。そして中心付近では無限大となってしまいますが、自然界は良くできたもので、ある程度中心まで近づくと遠心力が働き、強風の吹く範囲は縮まらないのです。したがって、竜巻に吹き込む強風には限界があることになり、その限界は秒速１５０メートルくらいではないかと考えられています。秒速１５０メートルの風というと、コンクリートの強固な建物をも破壊するほどの威力であり、竜巻の本場アメリカでも、強風の記録としては秒速１４２メートルが最大です。

5 竜巻はどんな気象状況で発生しやすい？

天気予報で「大気の状態が不安定になっており…」と耳にすることがよくあります。大気が不安定な状態とは、地上と上空の気温差が大きな状態のことです。竜巻はそのような気象状況の時に発生する可能性が高いと言えるでしょう。

竜巻が発生しやすい気象状況

竜巻が発生しやすい気象状況として次の三つがあります。最も多いのは前線や寒気・暖気の移流などの大気の不安定性によるもので、全体の60％ほどを占めています。次に多いのが低気圧で全体の14％、その次が台風（熱帯低気圧も含む）で全体の13％と続きます。

２００６年11月7日、観測史上最悪となる竜巻による人的被害（死者９人）を出した北海道佐呂間町（現　佐呂間市）の竜巻も、低気圧と前線によるものでした。稚内の北西海上を低気圧が発達しながら北東へ進み、ここから延びる寒冷前線が13時30分頃にかけてオホーツク海に

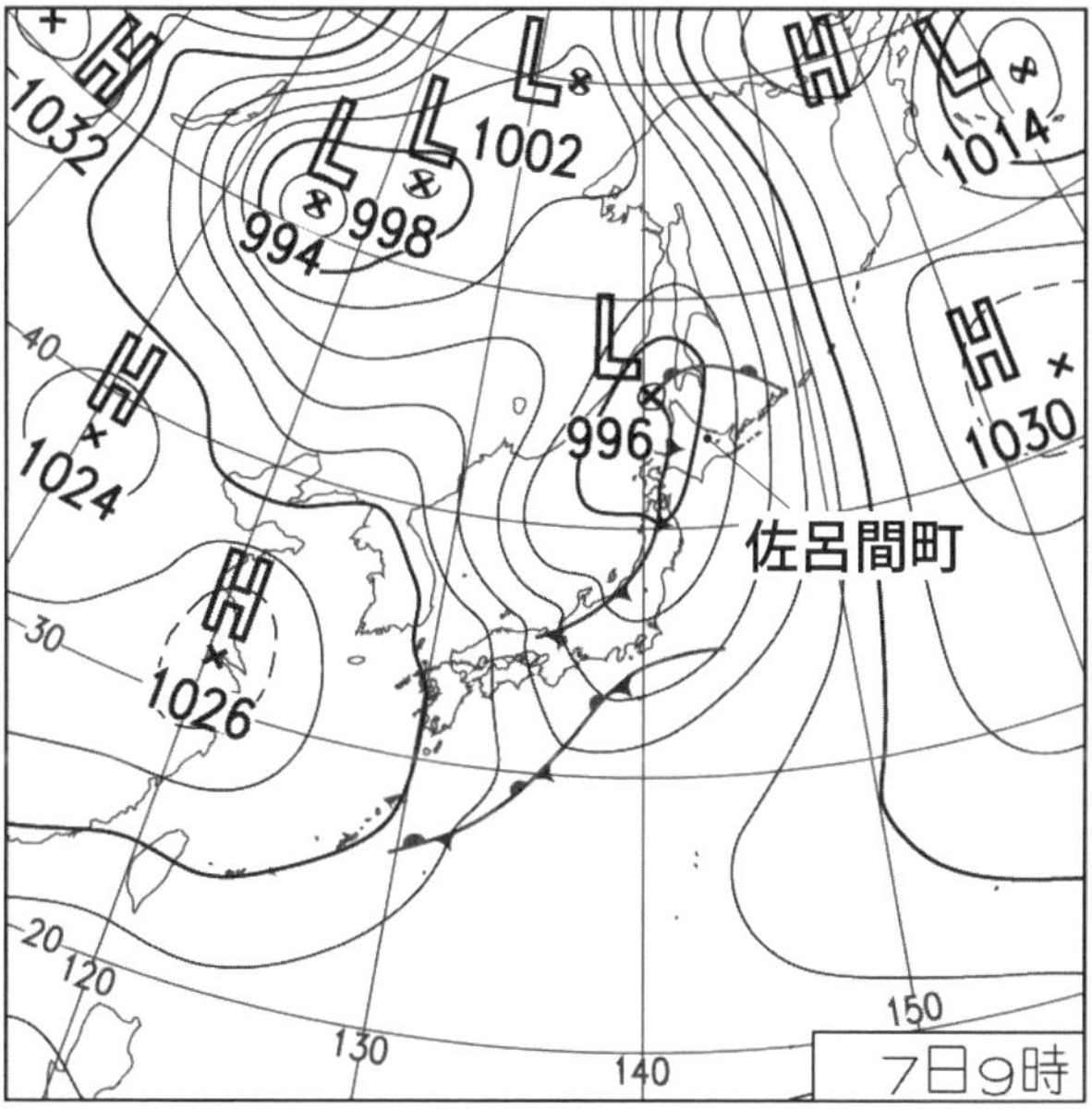

図1.6　2006年11月7日の天気図（佐呂間町で竜巻発生）

近い佐呂間町付近を通過しました（**図1・6**）。

寒冷前線が通過する前の佐呂間町には暖湿な南風が吹き、地上の気温は17℃近くまで上昇していました。一方、稚内市の上空約5000メートルの気温はマイナス24℃と、上空と地上との気温差は40℃以上（通常は30℃くらい）にもなっていました。この気温差は竜巻のもとになる積乱雲発達の鍵を握るもので、気温差が大きければ大きいほど、積乱雲が発達すると一般に言えます。

この佐呂間町の竜巻被害の後の2012年5月6日、茨城県つくば市でも強い竜巻が発生しました。この時も上

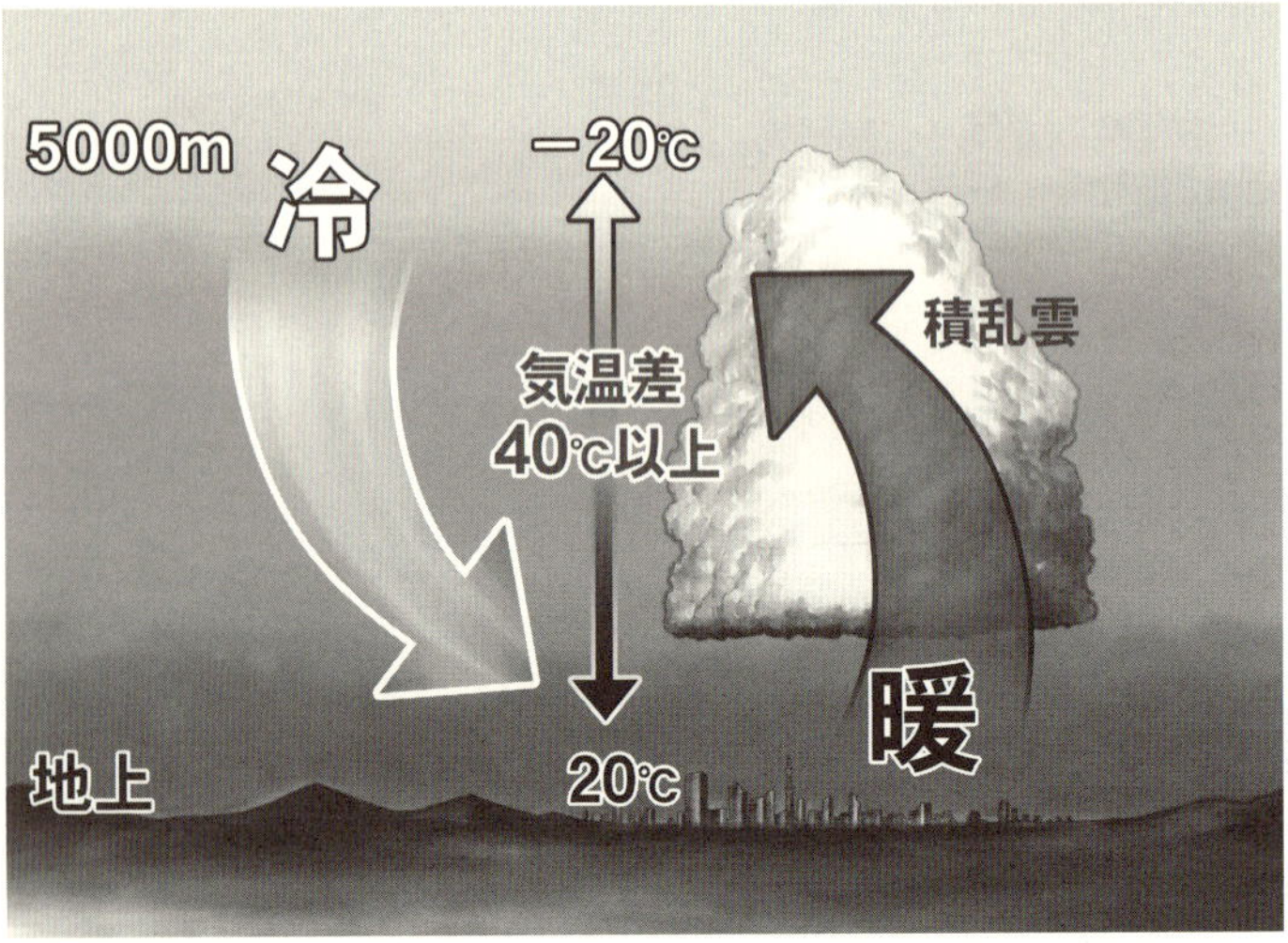

図1.7　大気不安定。上空の寒気は下層に、下層の暖気は上空に移動する。

空の寒気によって積乱雲が発達し、上空と地上の気温差は45℃にもなっていました。

本節の最初に、竜巻が発生しやすい気象状況を三つ挙げましたが、これらはすべて大気が不安定になりやすい気象状況と同じことです。つまり「竜巻は積乱雲によって発生する→積乱雲は大気が不安定な時にできる→大気が不安定な時は上空と地上の気温差が大きい」と導き出すことができるのです。

「大気の状態が不安定」とは

「安定」とは「落ち着いて変動が少ないこと」という意味です。大気の場合には、同じ性質の空気の塊は混じり合うことがなく、安定しているということになります。しかし自然界には、気温の高い所と低い所のように大気の偏りが様々な要因で現れます。上空に100メートル昇るにつれて気温は約0・6℃の割合で下がっていくので、5000メートル上空では0・6℃×5000メートル÷100メートルで、地上より30℃低い気温が安定している状態となります。ところが、何らかの理由で上空に強い寒気が入る、もしくは地上の気温が上がると、上空と地上の気温差が大きくなります。

図1・7のように、地上の気温が20℃の時に5000メートル上空がマイナス20℃だとすると、その気温差は40℃になります。自然界はその差を安定している状態の30℃に戻そうとして、地上から暖気が上昇し、上空から寒気が降りてきます。そしてこの対流が激しいほど積乱雲も発達し、竜巻が起こりやすくなるのです。

つまり、積乱雲は雷雨や竜巻などの激しい気象現象を伴いながら、不安定な大気を安定に変える自然界の平衡装置とも言えるでしょう。短時間豪雨や竜巻が近年増えているとの報告もありますが、これは数十年前よりも大気が不安定になっていることを示しているのかもしれません。

6 竜巻はどうやってできる?

竜巻発生のメカニズムには解明されていない点も多いのですが、メソサイクロンと呼ばれる回転渦を持つ巨大な積乱雲（スーパーセル）の下に、強い竜巻が発生することが知られています。

茶わんの湯気と竜巻

物理学者で文筆家としても知られる寺田寅彦は、茶わんの湯から立ち上る湯気を見ながらこう記しました。

「…湯げが上がるときにはいろいろの渦ができます。…茶わんの湯げなどの場合だと、もう茶わんのすぐ上から大きく渦ができて、それがかなり早く回りながら上って行きます。これとよく似た渦で、もっと大きなのが庭の上なぞにできることがあります。…湯げは、

…冷たい風が吹き込むたびに、横になびいてはまた立ち上ります。そして時々大きな渦ができ、それがちょうど竜巻のようなもの」（『茶わんの湯』より）になるのだと。湯気が横風を受けて渦を巻く、その姿が竜巻にそっくりだったと言うのです。寺田博士の観察は現在の竜巻理論と合致しませんが、竜巻発生には上昇気流と横風のバランスが重要になります。

スーパーセルができるまで

竜巻は単独では発生せず、発達した積乱雲から生まれます。竜巻を発生させる積乱雲を「親雲」とも呼びます。まずは親雲が発生するメカニズムを見てみましょう。

異なる方向から流れ込む風が地上付近でぶつかると、空気は上空へと強制的に持ち上げられます。この時、一方は暖かい空気、もう一方は冷たい空気だと、上昇気流がより活発になります。持ち上げられた空気は上空で冷やされて雲となり、積乱雲となります。

発達中の積乱雲の中には上昇気流のみが存在しますが、大きな雨粒が生じると下降気流が作られます（**図1・8**①）。それは雨粒が落ちる時に周囲の空気を一緒に引きずり下ろすからです。こうして積乱雲の中の上昇気流がなくなり、下降気流だけとなって、雨粒の素となる水蒸気が供給されなくなります。そのため積乱雲の寿命は1時間くらい、地上で降水として観測されるのは30分くらいと短くなります。夏の夕立が長く続かないのはこのためです。

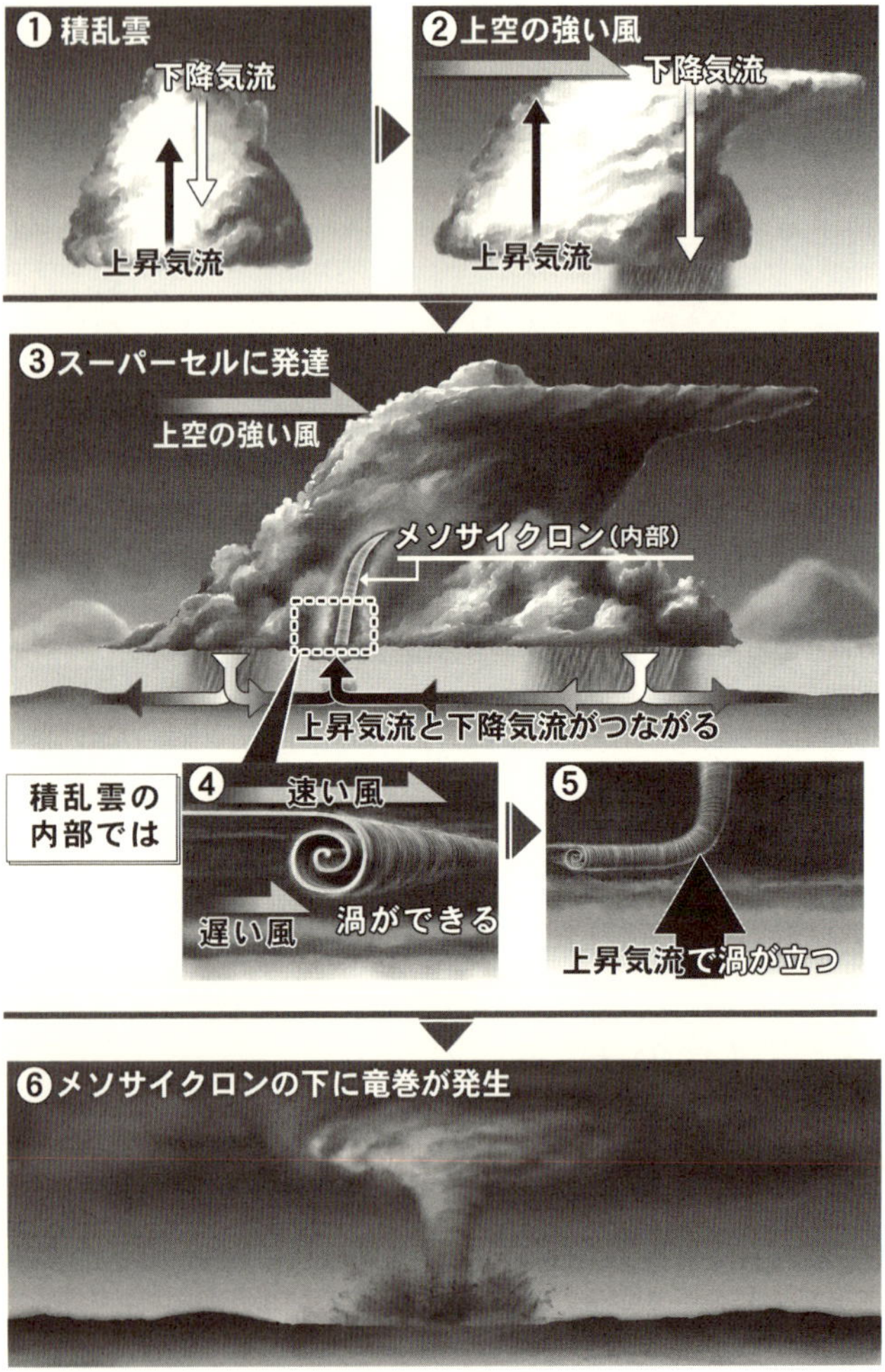

図1.8　竜巻が発生するメカニズム

しかし、強大な竜巻を発生させる積乱雲の場合、上昇気流と下降気流の領域が分離します（②）。そのため上昇気流が持続し、寿命も数時間に延びるのです。

この発達した積乱雲の塊を「スーパーセル（巨大積乱雲）」と呼びます。その幅はだいたい数十〜100キロに及ぶこともあり、スーパーセルが発生すると必ず激しい気象現象が起こります（③）。

メソサイクロンができるまで

スーパーセルの中では、回転している強い上昇気流が発生しています。これを「メソサイクロン」と呼びます。メソサイクロンはどのようにできるのでしょうか。

スーパーセルの中には、高度によって速度や方向の違う風が吹いています。水の流れが一様でない所に木の葉で作った舟を置くと回転し始めるのと同じ原理で、雲の中の風の流れの違いが渦を発生させます（④）。上昇気流によってこの渦が垂直に立てられると（⑤）、メソサイクロンとなります。メソサイクロンは直径約2〜10キロほどの回転する管状の小さな渦です。

空気が渦を巻くと外側に向かって遠心力が働き、中央部分の空気は薄くなって気圧がどんどん低下していきます。中心気圧の低下は下層の空気を上昇させ、上昇気流をより強めます。渦の中心気圧は低ければ低い方が、渦の幅は細ければ細い方が、風は強くなります。この時に下層に渦を巻く空気の流れがあると、その空気の流れは上昇気流により吸い上げられて、鉛直方向に延びる強風の渦が出現し、それが着地したものが竜巻です（⑥）。逆に言うと、着地していないものは竜巻ではありません。

スーパーセルと非スーパーセル竜巻

スーパーセルはアメリカの大平野で発生することが多いのですが、日本でもまれに発生することがあります。スーパーセルに伴う竜巻は強いものが多く、２００６年11月7日に北海道佐呂間町で、２０１２年5月6日に茨城県つくば市で起こった竜巻などがこれにあたります。

ただし、スーパーセルが発生すると常に竜巻も発生するというわけではなく、アメリカでは20％程度の頻度で竜巻が発生すると言われています。スーパーセルによって発生する強大な竜巻は少なく、普通の積乱雲によって発生する竜巻が圧倒的に多いです。これらの竜巻を「非スーパーセル竜巻」と呼んで区別することがあります。地上付近に風が集まって渦を巻いている時、偶然にも上空に上昇気流があると非スーパーセル竜巻が発生します。非スーパーセル竜巻はスーパーセルによる竜巻以上に予想するのが困難です。

7 藤田スケールってなに？

竜巻のような寿命の短い気象現象の解明はなかなか進みませんでした。そこに藤田哲也博士が現れ、竜巻の被害状況から風速を推定するという画期的な方法を発見し、竜巻を６段階に分類する藤田スケール（Ｆスケール）を生み出しました。

藤田スケールの誕生

状況証拠から犯人を割り出すのは警察だけの仕事ではないようです。今から約50年前のことシカゴ大学の藤田哲也博士は、事件を解決する刑事のように、被害現場に残された状況証拠から次々と竜巻の正体を解き明かしていきました。

竜巻は逃げ足が速いので、研究者が被害現場に駆け付ける頃には、逃走した犯人と同様、すでにいなくなっています。そのため、竜巻の正体を暴くには、目撃証言や現場に残された証拠だけが頼りでした。当時、竜巻研究の最先端を行くアメリカでさえ、竜巻発生数を把握する程

表1.1　藤田スケール

階級	竜巻の強さ	推定される風速	被害例
F0	軽度	秒速17〜32メートル（15秒平均）	煙突やテレビのアンテナが壊れる。小枝が折れ、根の浅い木が風に押され傾くことがある。
F1	やや強い	秒速33〜49メートル（10秒平均）	屋根瓦が飛び、ガラス窓が壊れる。ビニールハウスの被害拡大。走行中の車が横風を受けて、道から吹き落されることがある。
F2	強い	秒速50〜69メートル（7秒平均）	住家の屋根がはぎとられ、弱い非住家は倒壊する。大木が倒れ車が道から吹き飛ばされ、列車が脱線することがある。
F3	強烈な	秒速70〜92メートル（5秒平均）	壁が押し倒され、鉄骨がつぶれる。列車が転覆し、自動車は持ち上げられて飛ばされる。大木が根こそぎになることがある。ミステリーが起こり始める。
F4	激烈な	秒速93〜116メートル（4秒平均）	住家がバラバラになって飛散、弱い非住家は跡形もなく吹き飛び、1トン以上もある物体が降ってきて、ミステリーが起きる。列車は吹き飛ばされ自動車は何メートルも空中飛行する。
F5	想像を絶する	秒速117〜142メートル（3秒平均）	住家が跡形もなく吹き飛び、立木の皮がはぎとられ、車や列車が飛ばされ数トンもある物体が、どこからともなく降ってくる。

※「推定される風速」のカッコ書きは平均を取る時間。風速が大きいほど平均を取る時間が短くなっている。

度しか研究が進んでいなかったのです。

しかし藤田博士は、竜巻によって壊された建物や、なぎ倒された木々の被害が異なっていることに気が付き、その被害の程度から竜巻の強さを分類する方法を生み出したのです。これが「藤田スケール」です。FujitaのFから「Fスケール」とも呼ばれます。1971年に発表され、世界初の竜巻の指標となりました。

藤田スケールとは

藤田スケール（Fスケール）は**表1・1**のようにF0〜F5の6

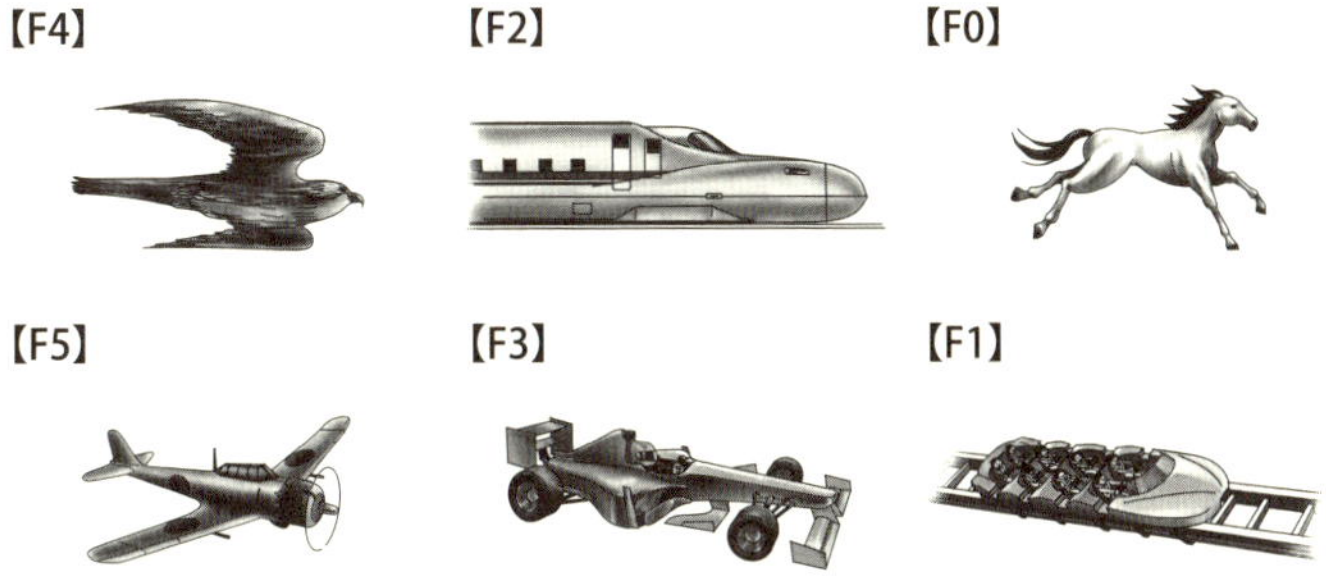

図1.9　Fスケールの風速を乗り物や動物に例えると…

段階に分けられ、数字が大きくなるにしたがって推定される竜巻の風速が大きくなります。Ｆ3の被害例に「ミステリーが起こり始める」とありますが、藤田博士によると「自然の偶然のいたずらが、ときにはあまりにもよくできすぎていて、ミステリーになることがある」のだそうです。例えば、レコード盤が木の幹に垂直に刺さっていたり、畑の大根が大量に引き抜かれて転がっていたりするなど、目を疑うような光景が見られることがあるようです。

　Ｆスケールの風速を乗り物や動物などの速度で表現すると次のようになります（**図1・9**）。

・**F0**：競走馬（時速65キロ）～高速道路を走る乗用車（時速100キロ）。
・**F1**：ジェットコースター（日本一の速さを誇る富士急ハイランドのドドンパは最高時速170キロ）。
・**F2**：新幹線「のぞみ」の平均速度くらい（時速220キロ）。スカイダイビングの落下速度（時速200キロ）。

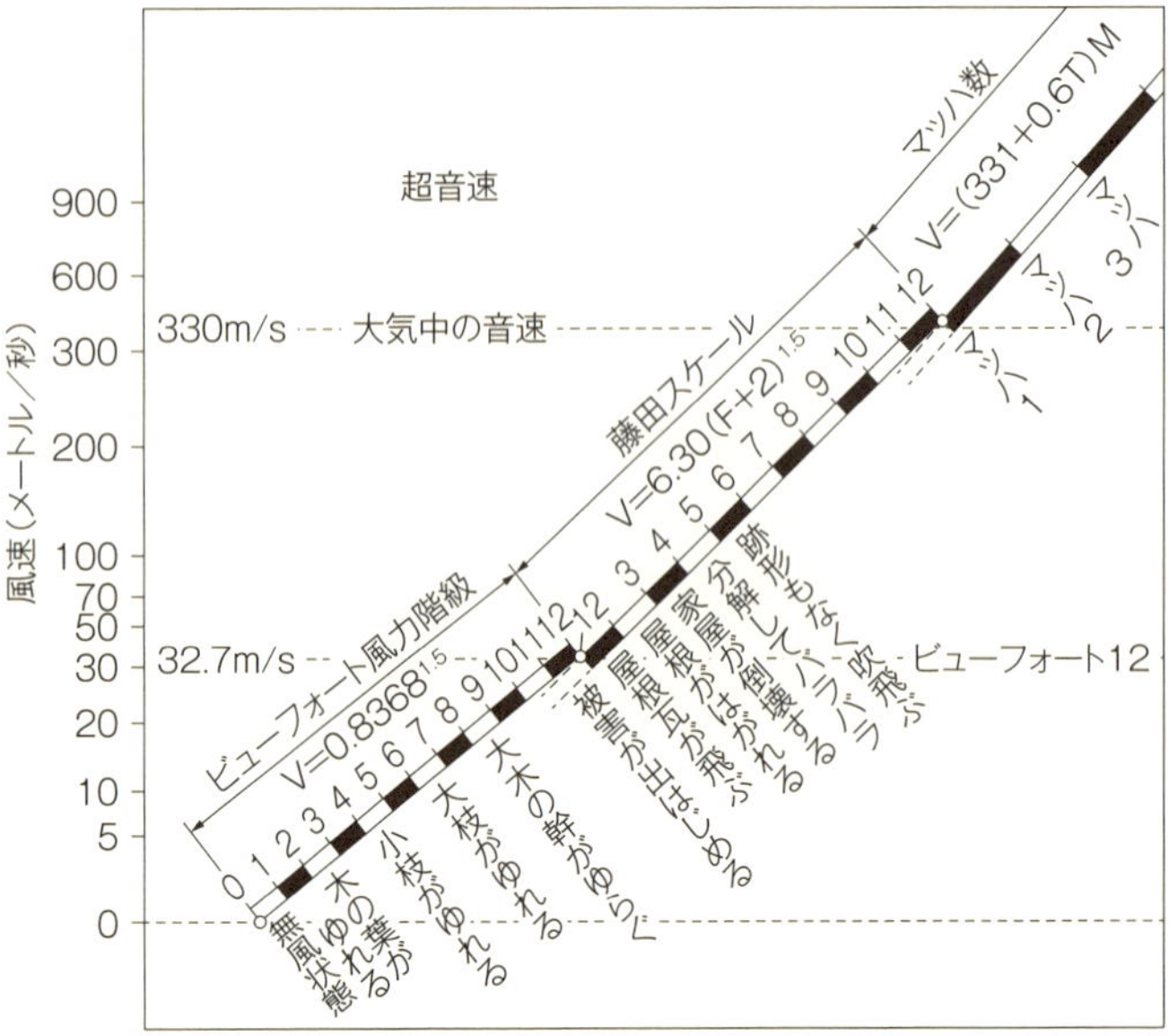

図1.10　風速に関する三つのスケールの関係
（出典：藤田哲也『たつまき 上』共立出版、1973）

・**F3**：フォーミュラワンのレーシングカー並み（時速330キロ）。日本の最大瞬間風速の記録（秒速85・3メートル、1966年9月5日宮古島）。

・**F4**：世界最速動物と言われるハヤブサの飛翔速度（時速360キロ）。2013年11月、フィリピンを襲った台風30号の最大瞬間風速（秒速105メートル）や、1996年4月、オーストラリア・バロー島で発生した突風の世界最速記録（秒速113メートル）。

・**F5**：竜巻以外の気象現象では観測されたことのない速さ。第2次世界大戦で活躍した零式戦闘機

（時速500キロ超）や、東京―新大阪間を1時間で結ぼうと計画されているリニア新幹線（最高設計時速500キロ）。

藤田博士はF6以上の竜巻は発生しないとしながらも、藤田スケールではF12まで設定しています。F1はビューフォート風力階級の12（最も弱いハリケーンの風速）、F12はマッハ1（音速）に相当するように作られています（**図1・10**）。

このビューフォート風力階級とは、世界で最も一般的に使われている風力の指標です。ビューフォート風力階級12は10分平均の風速であり、F1は表1・1に示したように10秒平均の風速なので、同じ風速でも実際の風の強さは違います。

藤田博士によると、仮にF6以上の竜巻が発生したとしても記録には残らないということです。なぜなら、すべてのものが飛ばされて、その竜巻の強さを示す証拠が何一つなくなってしまうからだそうです。

ちなみに、世界で唯一、Fスケールを用いていない国はイギリスで、「TORRO（トロ）スケール」と呼ばれる、風速に重点を置いた独自の指標を使用しています。

藤田スケールの限界

Fスケールはシンプルで分かりやすい指標である反面、次のような問題点があります。

①建物の強度の違いが考慮されていないため、立てつけの良い家屋もそうでない家屋も一義的に捉えてしまうこと。
②竜巻が襲った地域に建物などがない場合は被害が少なくなり、過小評価されてしまうこと。
③遅く進む竜巻は被害が大きくなるので、過大評価されやすいこと。
④藤田博士がFスケールを発表した当時と現在とでは建物の造りが大きく変わっていること。

このように、Fスケールに改良が必要な部分が生じてきたため、建物の種類を細かく分類したり、詳細な実験を行ったりして、より正確な指標である改良型（Enhanced）藤田スケール（EFスケール）が作られました。

実は藤田博士も1992年に建物の造りの違いを考慮に入れた修正藤田スケールを考案していたのですが、当時としては早すぎるアイデアだったため、実用化には至りませんでした。

EFスケールはアメリカでは2007年から、カナダでは2013年から使用されています。日本や世界の多くの国では現在でもFスケールが用いられていますが、気象庁では国内の建物や基準に適した、独自の改良型藤田スケールの作成に向けて動き出しています。

8 人工的に竜巻を作れる？

自然現象を実験室の中で完全に再現するのは難しいことです。なぜなら、自然現象の大きさや発生条件をまったく同じにはできないからです。しかし竜巻を人工的に作って研究することは、竜巻の解明に近づくための第一歩と言えるでしょう。

「人工的」に意味がある

「雪は天から送られた手紙である」という名言で知られる物理学者の中谷宇吉郎《なかやうきちろう》（1900〜1962年）。中谷博士は雪の結晶研究の第一人者として世界的に有名な研究者です。彼の功績の中で最も大きなものが「人工雪」の製作で、これは世界で初めての試みでした。彼は、実験によって雪のメカニズムを明らかにするために、実験室の気温を氷点下まで下げ、気温や湿度と結晶の形との関係を事細かにまとめたのです。

同じように、竜巻のメカニズムを研究するために昔から用いられてきたのが竜巻発生装置です。竜巻状の渦を人工的に発生させて、その渦の性質や構造などを解明しようというものです。近年では大規模な装置が作られており、人工竜巻の中に気流の動きを計測できる装置を設置するなどして、詳細な研究が行われています。

身近にある竜巻発生装置

研究用ではありませんが、小規模でシンプルな竜巻発生装置は国内の科学館などにあります。例えば気象庁（東京都千代田区）に併設されている気象科学館の「たつのすけ」（**図1・11**）もその一つで、これは石垣島地方気象台の職員の方による手作りだそうです。一方、世界一の大きさを誇り、ギネスブックにも登録されている竜巻発生装置があるのは、高級車で知られるメルセデス・ベンツの博物館（ドイツ）です。その人工竜巻の高さは34・4メートルもあります（**図1・12**）。5階建ての建物の吹き抜けを利用して、竜巻発生のショーが行われています。この竜巻発生装置は、もともと火災時の排煙のために作られたもので、煙を吸わせる試験をしていた時に、これをショーにした

図1.11　気象科学館の「たつのすけ」

図1.12　世界一大きい竜巻発生装置
（提供：メルセデス・ベンツ博物館）

ら面白いということから始まったのだそうです。

竜巻発生装置を自作する

前述の規模のものは難しいとしても、竜巻発生装置は自宅でも作ることができます。用意するものは、段ボール箱、掃除機、ドライアイスもしくは加湿器です。段ボール箱の側面下部に小さな穴を、上部に掃除機の吸込筒が入る穴を開けます。段ボール箱の中に水に入れたドライアイス（もしくは加湿器）を置き、箱の上部の穴から掃除機で一気に空気を吸い上げます。この時、横から見えるように段ボール箱の側面の一つを切り取り、透明な板か料理用のラップを貼っておくと良いでしょう。すると、渦を巻きながら回転するミニチュア竜巻を観察することができます。

この装置の原理は次のとおりです。箱の上部の穴から掃除機で吸うことによって強制的に上昇気流を起こします。吸い上げられた空気分を埋め合わせるように、段ボール箱の側面下部の小さな穴から空気が流入しますが、この穴によって空気の流れに回転が生まれます。こうしてドライアイスの煙、つまり水蒸気が渦を巻きながら竜巻のように上昇していくのです。

人工竜巻と本物の竜巻の違い

竜巻発生装置で作った人工竜巻も本物の竜巻と同じもののように見えますが、人工竜巻では掃除機や換気扇で空気を吸い上げて上昇気流を発生させています。それに対して本物の竜巻では、空気を吸い上げる力がどのようなメカニズムで発生するか、といった解明されていない点が数多くあります。

最近では竜巻の解明に数値シミュレーションというコンピューター計算も用いられるようになってきました。現在でも謎の多い竜巻ですが、科学技術の進歩によってそのメカニズムが解明される日がきっとくるでしょう。

第2章

竜巻の姿と動き

“竜”のように見える竜巻（つくば市、2012年5月6日）
（提供：吉澤健司 氏）

1

竜巻はどこに、どんな速さで進む？

竜巻を発生させる積乱雲は上空の風によって流されるため、竜巻の進行方向もその時の風向きで決まります。しかし、いつもそうなるとは限らないのが、竜巻の不思議なところです。

竜巻の進む方向

「風の吹くまま気の向くまま、好きなところへ旅してんのよ」

映画『男はつらいよ』で親しまれた寅さんの名ゼリフですが、風に身を任せて移動するのは竜巻もまた同じです。竜巻は、上空3000～5000メートルの風によって流される親雲と同じ方向に進むことが多いのです。

スーパーセルのような発達した積乱雲は、上空の寒気と南西方向から入り込む暖かく湿った気流がぶつかって発生することが多いのです。このため積乱雲は風に流されて南西から北東方

図2.1　上空の風によって北東方向に流される竜巻

向に向かって進むのが一般的です。過去に日本で発生したＦ２以上の竜巻のおよそ半数は北東方向に進んでおり、Ｆ３の竜巻はすべて北東方向に移動しています（**図２・１**）。

ただし、地域によっては別方向に進む竜巻が発生しやすい場合もあります。例えば、宮崎県では海から上陸する竜巻が多いため、東に位置する太平洋から内陸部に向かって西方向に進んでくるものが多いようです。

竜巻の移動速度

積乱雲を胴体とすると、竜巻はしっぽのようなものだと言えるでしょう。積乱雲と竜巻は一体になって動くため、その移動する速さもほとんど同じです。１９６１年から２０１２年までの記録によると、Ｆ２以上の竜巻が移動する際の時速の平均は48キロほどです。

ところで、竜巻の移動速度の日本記録はどのくらいでしょうか。答えは時速１３０キロ、特急列車並みの速さです。この記録を出したのは、１９７８年2月28日に営団地下鉄（現 東京メトロ）東西線の車両を転覆させてニュースになった竜巻です。この竜巻は神奈川県川崎市から東京都を通過して、千葉県まで一気に駆け抜けていきました。これは最も長い距離を移動した竜巻としての記録も持っています。一般的な移動距離が約３キロなのに対し、この竜巻は40キロ超も移動しました。

また、竜巻の移動速度が遅いと同じ場所が長時間の影響を受けるため、被害が拡大することがあります。２０１３年5月にオクラホマ州で発生したＥＦ５（秒速90メートル以上）の竜巻は、移動速度が時速30キロと、通常の竜巻よりもかなり遅かったことが被害を大きくした要因にもなりました。

竜巻のスケールが大きい方が移動速度も速いとは限りませんが、同じスケールの場合には、サイズが小さい方が速く進むことはあるようです。これは空気の渦の幅が小さいほど回転が速くなるため、移動速度も上がるからです。

2 竜巻は右巻き、左巻き？

右巻き・左巻きと言いますが、一般には上から見て時計回りが右巻き、反時計回りが左巻きです。台風（サイクロン）の場合、北半球では左巻き、南半球では右巻きですが、竜巻の場合は左右どちら巻きにも回転するのです。

身の回りの渦巻きの回転方向

私たちの身の回りには右巻きに渦を巻くものが数多く存在しています。例えばカタツムリの殻の模様がそうです。カタツムリの種類によっても異なりますが、日本のカタツムリはそのほとんどが右巻きです。人の頭のつむじも同じです。右利きの人のほとんどが右巻きと言われています。そして、ラーメンに入っているナルトの由来となった鳴門のうず潮も右巻きのことが多いのです。このように、なぜ身の回りの渦巻きに右巻きが多いのかは、はっきりとは解明されていません。

台風やつむじ風の巻き方

北半球の台風は左巻き、南半球のサイクロンは右巻きです。この理由は地球の自転にあります。地球は北極と南極を結ぶ地軸を中心に時速1700キロ（赤道上）という超高速で反時計回りに回転しています。もし地球に重力が働いていなかったら、私たちはその遠心力によって宇宙空間に投げ出されます。この自転の影響は、東西に1000キロほどの大きさを持つ巨大な現象に対して働き、北半球の台風を左巻きに、南半球の台風を右巻きに回転させます。南極から見たら地球は右回りに回転しているため、北半球と南半球では回転方向が逆になります。

一方、台風よりもずっと小さい「つむじ風」は左右どちら巻きにも回転します。つむじ風とは、春先の校庭などで発生し、砂を巻き上げながらテントやサッカーゴールを吹き飛ばしてニュースになることもある砂嵐です。晴れて気温が上がり空気が乾燥している日に、10メートルほどの小さな範囲で上昇気流が起こり、そこに横からの風が吹いた時などに発生します。つむじ風のような小さな現象には、地球の自転の影響は働かないのです。

竜巻の巻き方

竜巻の直径は数十～数百メートルが一般的ですが、これもまた比較的小さな気象現象のため、地球の自転の影響は及びません。したがって渦の回転方向はいつも一定ということはなく、左巻きの竜巻も右巻きの竜巻も存在します。ただし、北半球の竜巻のほとんど、特にアメリカでは90％が左巻きで、南半球の竜巻の多くは右巻きです。この理由として、渦を巻く方向は竜巻の回転を作り出す積乱雲と関係があると言われていますが、はっきりとは解明されていません。ちなみに左巻きの竜巻を「男竜巻」、右巻きを「女竜巻」と呼ぶこともあります。

排水口の渦の巻き方

お風呂の栓を抜いた時にできる水の渦にも地球の自転の影響が及ぶと言われることがありますが、これは誤解です。テレビ番組の実験で、赤道直下のアフリカで水を入れた桶の中に回転渦を作り、その桶を北半球から赤道を通って南半球まで移動させた時の渦の回転方向を調べるというものがありました。この時は北半球では左巻きだった渦が赤道直下に移動するとなくなり、南半球までくると右巻きの渦になりました。しかし、このような小さな現象に対して地球の自転が及ぼす影響は大変小さなものなので、この実験では何らかの他の力が働いていたのでしょう。

3 竜巻にも目がある？

強い台風に「目」ができることはよく知られていますが、竜巻にも目はできることがあります。竜巻の目に遭遇する人はごくわずかですが、レーダーでもその存在を捉えられることがあります。

台風の目とは

日本は、アジアでは中国、フィリピンに次いで3番目に台風に直撃されやすい国です。確かに毎年平均3個ほどの台風が日本に上陸し、ニュースにならない年はないほどです。このように多くの日本人が台風を経験しているにもかかわらず、台風の目の中に入ったことがある人はそう多くはいません。

一般的には台風の目の直径は20～200キロと巨大で、この中では下降気流が生じているために風が弱く、穏やかな天気が広がっています。目は台風の勢力が強くないとできないため、

図2.2　竜巻の目（イメージ）

台風が日本付近に移動してくる間に弱まってしまい、なくなっていることが多いのです。そのため「台風の目に入ったことがある」という人の場合も、よく調べてみると雲と雲の切れ間の勘違いであったりして、本当に目の中に入ったことがある人は少ないのです。

竜巻の目の目撃者

それでは台風のような目の部分は、竜巻にもあるのでしょうか。竜巻の目についての興味深い話があります。アメリカ・カンザス州に住む農夫、ウィル・ケラーによる竜巻の目の目撃談です。

「私は南西の空に、傘の形をした大きな雲とその下に発生している三つの竜巻を目撃した。そのうち、よりにもよって最も大きい竜巻が私の方に突進してきて、ついに目の前まで迫ってきた。もう逃げられないと思ったとたん、なんとその竜巻は突然地上から離れ、空中に上昇していった。その間私は下から竜巻を観察し、雲が大きな音をとどろかせながら頭上を移動していくのを見ていた。すると直径15～30メートルはあろうかという、ぽっかり空いた雲の切れ間が現れた。雲のない部分は暗かったが、その周りの雲の壁にいくつもの稲妻が光っていたので、内部の状況をはっきりと見ることができた」（**図2・2**）。

この話が嘘か本当かは本人しか知り得ないことですが、一つだけ言えるのはウィルは誠実であり、周りからも信頼される人だったということです。

竜巻の目は本当にあるか

気象学者たちもウィルの証言を裏付けるように、竜巻の中心には雲のない「目」の部分が存在する、という見解を持っています。竜巻の目の大きさは数メートルから数十メートル程度であることが多く、そこには下降気流が生じていて、ほぼ無風状態だということです。ただ、時に巨大な目を持つ竜巻もあり、例えば、２０１１年5月、ミズーリ州のジョプリンを襲った直径1・6キロ、ＥＦ5の竜巻は、直径２７０メートルの目を持っていたと言われています。実際にこの目の中に入った人の証言によると、急に風が弱まったかと思うと数秒後に再び突風が襲ってきたということです。

また、高性能のレーダーでは竜巻の目を遠くからでも捉えることができ、竜巻の中心付近に小さな円形の穴の開いた部分が見られることがあります。そこでは上昇気流ではなく下降気流が起こっているため、雲が発生することはなく、また風もなく穏やかなので、がれきなどが宙に散乱しません。レーダーでは何も感知できない、このような部分が竜巻の目と考えられています。

目の中で起こっていること

台風の目の中には、その平穏さからは想像もできないほど過酷な状態におかれている動物がいます。それは渡り鳥たちです。台風の目の中という安全地帯から外れないように、彼らは力の限り一生懸命羽ばたき続けなければなりません。人間のように、台風の目の外に出た時に建物の中に避難することができれば良いのですが、渡り鳥にとって目の中は唯一の命綱となります。

では、竜巻の目の中ではどうなのでしょうか。残念ながら台風と違って目が小さく、すぐに消滅してしまうために、渡り鳥といえども目の中にい続けることは難しいようです。

4 竜巻にも親と子がある?

「竜巻は一つの渦からなるとは限らない」というのは、藤田哲也博士による発見でした。強い竜巻の中に複数の小さな渦が回転しているという多重渦竜巻の発見によって、竜巻の実態の解明が大きく前に進みました。

全壊した家の隣に無傷の家がある

「竜巻は家を飛び越えることがある」と昔から言われてきました。竜巻によって両隣の家は完全に破壊されているのに、中央の家はまったく損傷を受けずに残っているということがあったからです。このような不思議な現象から、竜巻は途中でジャンプして気ままに暴れまわると信じられてきました。

しかし1970年代に入ると、藤田博士による発見によって、この考え方が否定されることになりました。その発見とは、大きな竜巻が通った後の地上に幅広い線が残らず、幅の狭い螺

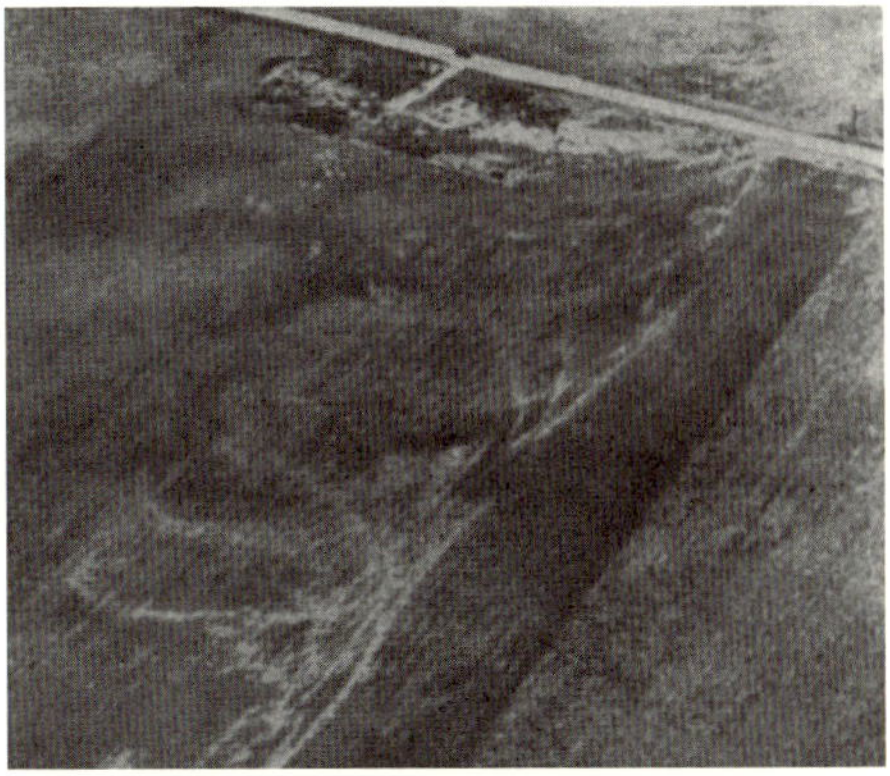

図2.3　竜巻の中をまわりながら進んだ吸い込み渦の跡（出典：藤田哲也『たつまき 上』共立出版、1973）

旋状のひっかき傷がくっきりと残されていたことです（**図2・3**）。藤田博士はこれを見て、「大きな竜巻の中に小さな竜巻が隠れていて、メリーゴーラウンドのようにくるくると回っている」と考えました。つまり、竜巻の中に別の小さな渦があり、それがこの螺旋状の跡を付けたのではないかというのです。

さらに、藤田博士は「小さな渦はそれを囲む大きな渦よりも、はるかに速い速度で進みながら回転している」と結論付けました。実際に、竜巻の被害現場で多数の死者が出たのは、この小さな渦が通過した場所に偏っていたのです。

この斬新な考え方は、当初は研究者やマスコミ、さらには一般市民からも批判されましたが、複数の渦を持つ竜巻の写真が撮られるようになると徐々に受け入れられていきました。

多重渦竜巻の正体

こうした複数の小さな渦を持つ竜巻を「多《た》重《じゅう》渦《うず》竜巻」（親子竜巻）、小さな渦を「吸い込み渦」

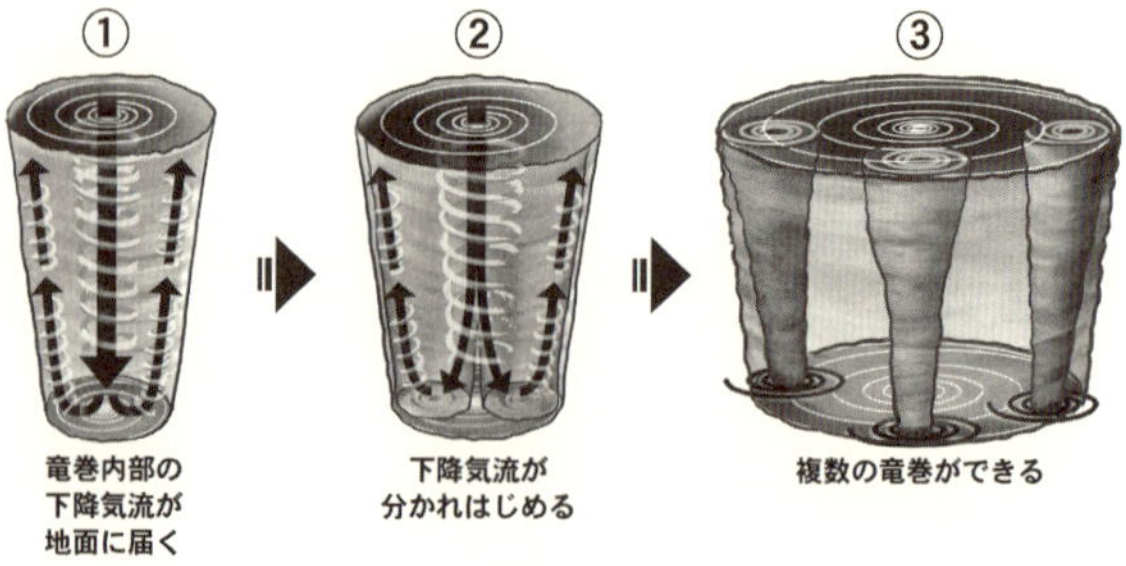

図2.4　多重渦竜巻のメカニズム。竜巻の渦の中に子竜巻の渦ができる。

（子竜巻）と呼びます。子竜巻の周辺部では局所的に風が強くなり、時には大きな渦よりも秒速40～50メートル以上も風速が大きくなることもあります。

ただし、子竜巻は寿命が短いため、1分もたたないうちに消滅することも多く、また、巻き上げた砂やがれき、雨などによって隠れてしまうことも多いため、人の目で捉えるのはなかなか難しいようです。

多重渦竜巻のでき方（図2・4）

初めは一つの竜巻として発生しますが、渦の中心付近での強い上昇気流によって気圧が急激に下がり、それを埋め合わせようと、上空から空気が下降します。その下降気流が地上に衝突する際に複数の渦が発生します。これらが同時に起こったり、繰り返されたりすることによって、小さな渦が作られていくのです。一つの親竜巻が2～5個の子竜巻を持つことが一般的ですが、まれにそれ以上の子竜巻を持つものも存在します。

図2.5　オクラホマ州で発生した多重渦竜巻（2011年4月）
（出所：アメリカ海洋大気庁）

図2・5は2011年4月にアメリカ・オクラホマ州で発生した多重渦竜巻の様子です。渦がくっきりと二つに分かれているのが分かります。

日本で発生した親子竜巻

日本ではF3の竜巻に伴って、親子竜巻が観測されています。1990年12月11日に千葉県茂原市で発生した戦後最大級の竜巻は、気圧が9ヘクトパスカルも急降下した後、竜巻が二つに分かれたと言われています。さらに1999年9月24日に愛知県豊橋市で、2012年5月6日に茨城県つくば市で発生した竜巻も多重渦竜巻でした。F3以上の竜巻の多くは子竜巻を持つと言われていますが、日本では強い竜巻が少ないために、報告例があまり多くないのが現状です。

5 竜巻の寿命ってどのくらい？

気象現象は激しいものほど寿命が短い傾向があります。地上最強の強風をもたらす竜巻もその一つで、その多くが10分足らずで一生を終えます。しかし、その10分の間に大きな被害を生じさせることがあるのです。

竜巻研究を加速させた竜巻

竜巻は極めて小さな範囲における短時間の気象現象なので、竜巻を見ることができるのはごく限られた人だけです。82頁で取り上げる「竜巻街道」と呼ばれる竜巻が多発する地域でさえ、1軒の家が竜巻に遭遇する確率は千年に一度程度であり、ほとんどの人が竜巻を目にすることなく一生を終えています。このように竜巻は目撃者が少なく、観測することが難しいという特性のために、その研究もなかなか進みませんでした。

しかし1973年5月、アメリカ南部で発生した、ある竜巻をきっかけに竜巻研究は一気に加速したのです。その竜巻はオクラホマ州ユニオンシティという小さな町に発生した、幅600メートル、高さ3・5キロに及ぶ大きなものでした。そこは偶然にも、国立気象研究所からたった50キロほどの距離の場所だったのです。当時、研究所にあったレーダーは数十キロ範囲のものしか探知できなかったため、研究員たちはその範囲内に竜巻が発生する機会をずっと待ち望んでいました。この時にレーダーによって観測された竜巻に関するデータや多数の写真、ビデオなどから、竜巻の正体が次々と明らかにされていきました。そして史上初めて、竜巻の発生から衰弱までの一連の過程が解明されたのです。

竜巻の一生

竜巻の一生は大きく分けて次の四つの段階に分類されます（**図2・6**）。

①発生期：竜巻を発生させるもととなる積乱雲の一部がぐるぐると回転し始め、そこから漏《ろう》斗《と》状の雲が垂れ下がります。

②発達期：漏斗状の雲は下へ下へと成長を続けながら降りてきます。やがてその先端部が地上に着地します。

③最盛期：サイズと風速ともに、竜巻の一生で最強の時を迎えます。この時、竜巻は垂直に立っています。

④衰弱期：やがてエネルギーを失うとロープのように細くなり、竜巻は親雲の風に流されるまま予想できない動きをし始め、暴れ出します。その後数分のうちに雲は消滅し、竜巻は最期の時を迎えます。

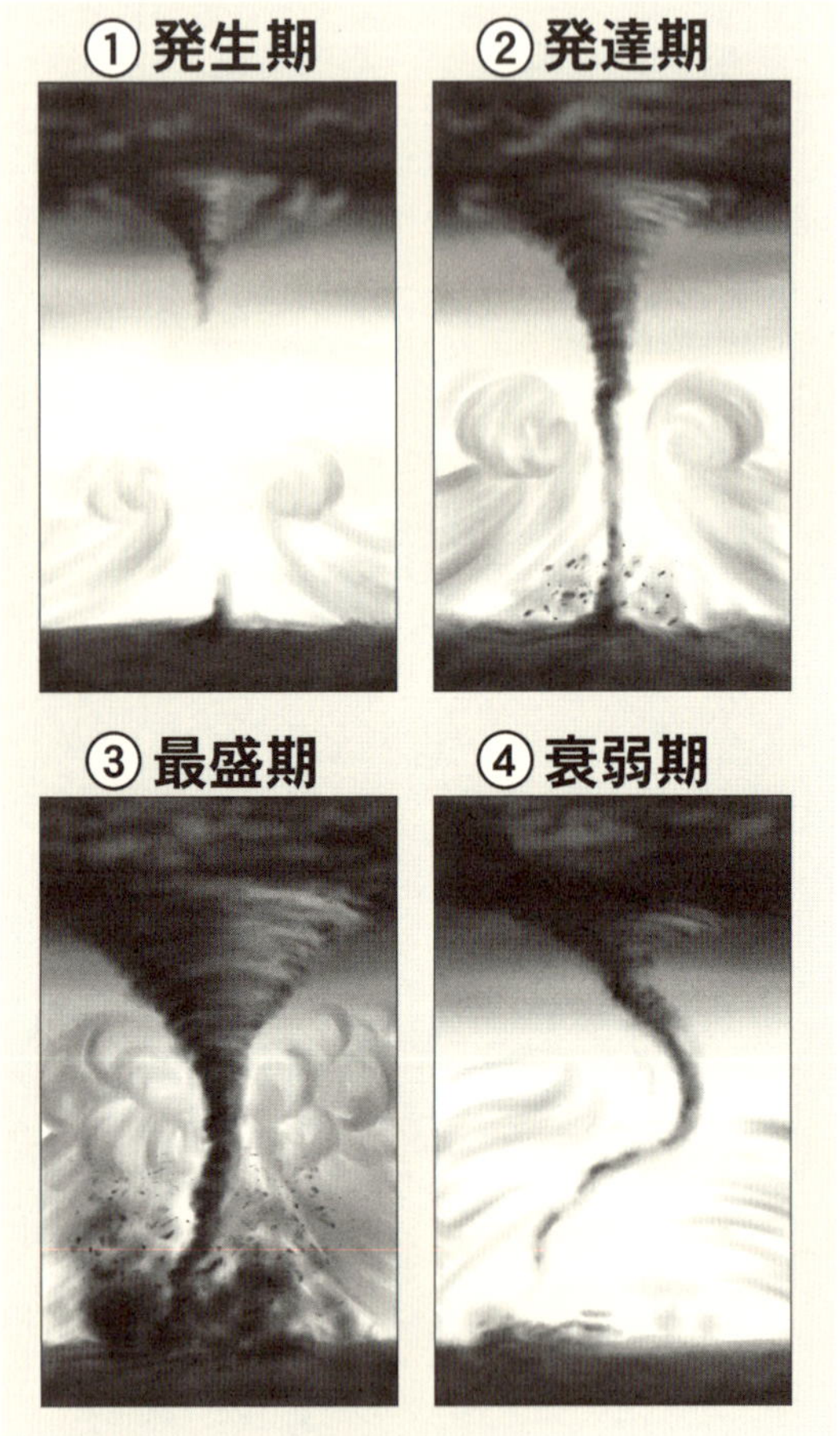

図2.6　竜巻の一生（発生期～衰弱期）

竜巻の寿命

気象現象の寿命、つまり発生してから衰弱するまでの時間は、気象現象の大きさに比例します。大きな気象現象ほど長生きで、小さな気象現象ほど短命です。例えば、東西の距離が数千キロに及ぶような高気圧は、数週間も勢力を維持し続けますが、数メートル規模のつむじ風は数分で消えてしまいます。竜巻はどうでしょうか。竜巻は寿命が数秒の超短命型から、1時間を超えるような長寿型までありますが、平均すると10分ほどが寿命となります。

ところで、この大きさと寿命の関係は動物にも似ています。もちろん、大きさだけで決まるわけではありませんが、ネズミ（寿命2年くらい）よりイヌ（15年くらい）が、イヌよりウマ（20年くらい）が、ウマよりゾウ（60年くらい）が長生きです。人間の場合は、日本人の平均寿命（2013年）だと男性80歳、女性86歳とゾウよりも圧倒的に長生きですが、これは医療の進歩と文明の発達が大きく影響しています。今から130年ほど前の日本人の平均寿命は、男性36歳、女性38歳で、縄文時代に至っては男女とも15歳ほどだったとも言われています。

6 海の上でも竜巻は発生する?

竜巻には水上(海や湖)で発生するものがあります。水上竜巻の方が陸上竜巻よりも数は多いのですが、その大半は弱いものなのです。しかし、時には海上のクルーザーを吹き飛ばすほど強いものが発生することもあります。

海上と陸上の気象現象の違い

「山の天気は変わりやすい」とはよく聞きますが、「海の天気は変わりやすい」とはあまり聞きません。なぜでしょうか。それは、海上の方が陸上よりも空気が暖まりにくく冷めにくいため、気温の変化が小さいからです。したがって、海上の気象変化は陸上に比べてゆっくりとしたものになります。また、陸上の空気は熱しやすく冷めやすいため急激に積乱雲が発達しやすく、強い竜巻は海上よりも陸上で発生しやすいことになります。

水上竜巻の正体

海で発生する竜巻は「水上竜巻」や「海上竜巻」、または「ウォータースパウト」と呼ばれています。「スパウト」(spout) とは噴出や噴水という意味です。**図2・7**のように、水上竜巻は海水を吸い上げているように見えますが、これは海水ではありません。陸上竜巻と同様に、竜巻内部の気圧の低下によって冷やされた水蒸気からなる水滴が集まってできたものです。

海上では規模こそ小さい竜巻が多いですが、水蒸気が多いため雲が発生しやすく、陸上よりも発生数は多くなるのです。水上竜巻は海上だけでなく、大きな湖や時に川などでも発生します。藤田哲也博士によると、「水上竜巻の親雲は大洋のまっただ中よりも、気流の乱れの多い海岸線近くに発生」しやすいそうで、海岸でバカンスを楽しむ観光客を驚かせることもあります。カリブ海やフィリピンなどの熱帯地方、日本やアメリカ、ヨーロッパなどの中緯度帯、さらには南極やアラスカでも水上竜巻は観測されています。

強い水上竜巻

たいていが弱くてか細い水上竜巻ですが、油断してはいけません。時には陸上の竜巻よりも強いものが発生することがあるのです。実際に、ヨーロッパの北海ではヘリコプターが飛行中

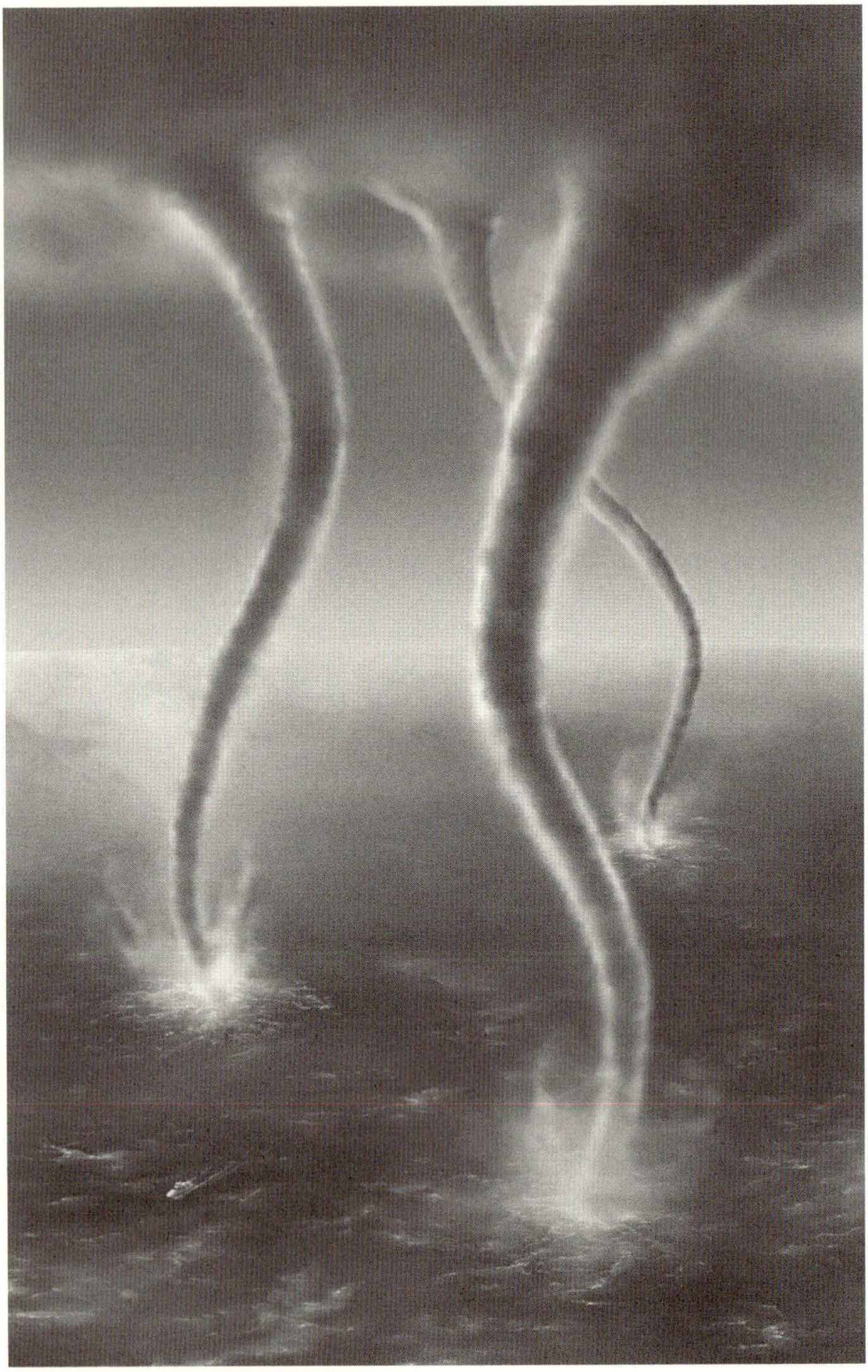

図2.7　複数の水上竜巻（イメージ）

に水上竜巻に遭遇して機体に損傷を受けたり、アメリカ・カリフォルニア州では5トンもあるクルーザーが吹き飛ばされたりするなどの被害も発生しています。これらを引き起こしたのは、海上にできたスーパーセルによって発生した竜巻や、陸上で発生した竜巻が海に移動したものです。このような強い竜巻を「トルネード性水上竜巻」と呼び、スーパーセルではない積乱雲から発生した弱い水上竜巻を「晴天竜巻」と呼んで区別することがあります。

スノーネードとは

一般に、水上竜巻は雲が海上に発達しやすい夏から秋にかけて発生することが多いのですが、真冬に発生することもあります。これを「冬季水上竜巻」と呼びます。雪を伴うことが多いため、「スノースパウト」や「スノーネード」とも呼ばれます。見た目は竜巻そのものですが、暖かな水面と冷たい空気が接することで形成されます。親雲（積乱雲）がなくても発生するため、雪を伴った大きなつむじ風と考えた方が良いかもしれません。

冬季水上竜巻は世界的に見ても珍しい気象現象ですが、日本でも日本海側で発生することがまれにあります。

7 火災と竜巻が合体するとどうなる？

炎を伴って、竜巻のように渦を巻いて回転するものを火災旋風と呼びます。火災旋風は、地震や空襲などの大規模な火災が起こる時に発生し、時に多くの人命を奪うことがあります。

火災旋風の正体

近い将来に起こることが予想されている首都直下型地震ですが、東京消防庁によると「延焼火災によるものだけでも6000人以上の死者が発生」するとされ、その一因として「火災旋風」を挙げています。火災旋風とは何なのでしょうか。

火災旋風とは、時に1000℃を超える熱風が超高速で回転する火の渦巻きで、見た目はまさに炎の竜巻といった様相です。風速は100メートル以上に達することもあり、火災旋風が空気のある方へと移動する時の速度は、竜巻を上回ることも多くあります。

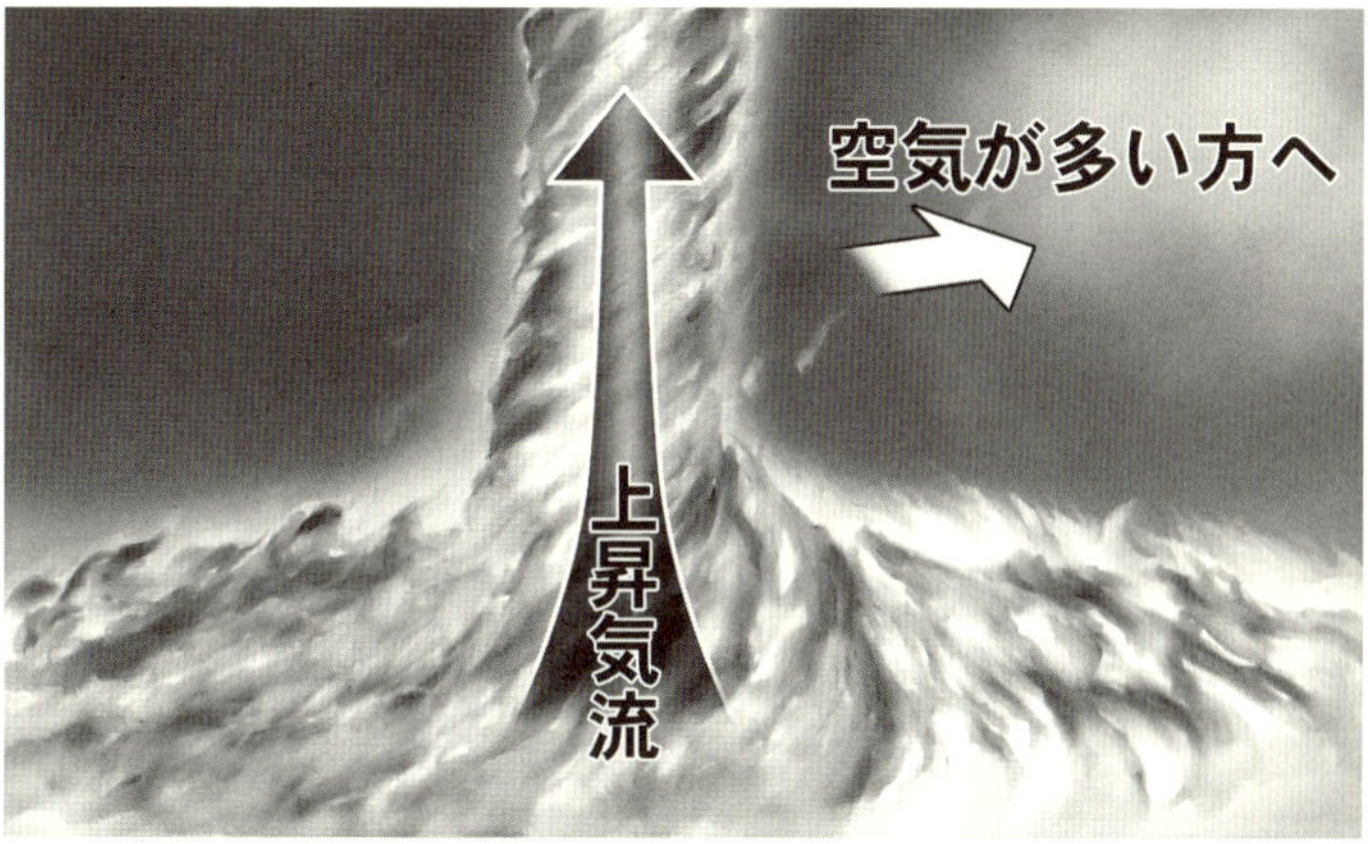

図2.8　火災旋風が発生するメカニズム

しかし、火災旋風は厳密には竜巻とは言えません。なぜならメカニズムがまったく異なるからです。火災旋風では火災が空気を消費し、**図2・8**のように火災の発生していない周囲から空気を取り込む時に上昇気流が起こります。それに対して竜巻では、上空と地上の気圧差によって上昇気流が起こります。また、竜巻は上空の親雲につながっていますが、火災旋風は単独で発生します。

関東大震災で発生した火災旋風

世界的に有名な火災旋風としては、関東大震災で発生したものがあります。関東大震災は１９２３年9月1日、相模湾を震源としたマグニチュード7・9の大地震により、東京、神奈川を中心に10万５０００人に及ぶ死者が出ました。

驚くことに、その死者の約9割が建物などの倒壊で

図2.9　関東大震災で発生した火災旋風
（国立歴史民俗博物館所蔵：本所石原方面大旋風之真景）

はなく火災によって命を落とし、そのうちの3万8000人は火災旋風が起こったとされる東京都墨田区の陸軍被《ひ》服《ふく》廠《しょう》跡（軍服や軍靴を製造していた工場の跡地）で亡くなっているのです。この時の炎の風速は秒速80メートル、高さは100～200メートルにも及んだとの証言があり、さらに人が空中を舞ったとも伝えられています（**図2・9**）。

吉村《よしむら》昭《あきら》の『関東大震災』では、「旋風に巻き上げられた人々は、一カ所に寄りかたまって墜落し、人の山ができた。そこにも炎が襲って、人の体は炭化したように焼けた」と表現されています。なぜ、この場所で火災旋風が発生したかというと、ここが多数の被災者の避難場所となり、燃えやすい家財道具が足の踏み場もないほど持ち込まれ、これらに次々と引火していったからです。関東大震災では、東京と神奈川で計140もの火災旋風が発生したと言われています。

その他の火災旋風

東京では関東大震災の際の火災旋風のほかに、1945年3月10日の大空襲の際にも火災旋風が発生しました。その悲劇の舞台の一つが隅田川にかかる言問橋《ことといばし》です。空襲から逃げてきた多数の人々が橋の両端から押し寄せ、橋上で身動きが取れなくなった人々を火災旋風が容赦なく襲ったため、2000人以上の方が亡くなりました。この橋の親柱には、今でも当時の惨状を物語る生々しい黒焦げた跡が残されています。火災旋風はこれらのほかにも、広島・長崎の原爆投下の際や阪神・淡路大震災などでも確認されています。

アメリカの大都市でも火災旋風、英語ではFire Whirl（ファイア・ウィール）が発生したことがあります。その一つが1871年10月に起こったシカゴの大火です。当時から大都会であったシカゴで未曾有の火災が発生し、8平方キロが焼失、およそ300人が死亡する惨事となりました。当時のシカゴには木造建築が多かったこと、干ばつで空気が乾燥していたこと、さらに強風が被害を悪化させました。それに加えて、火災旋風が燃焼物を遠くまで飛ばす役割を果たしたため、火災が瞬く間に広がったと言われています。

また、同じ頃にシカゴから数百キロ離れたアメリカ中西部でも四つの大火災が発生しています。その一つ、ウィスコンシン州で発生した火災は、5000平方キロを焼き、1200人もの死者を出す、今日でもアメリカ史上最悪と言われる災害ですが、この時も火災旋風が発生しています。さらに第二次世界大戦中のドイツのハンブルグでは、大空襲に端を発したと言われる、幅3キロ、高さ5キロの巨大な火災旋風が発生して、4万人が犠牲になりました。

火災旋風から身を守るには

それでは火災旋風から身を守るにはどうしたら良いでしょうか。まず、日頃から木造建築物などが多く、火災が広がりやすい場所を把握しておくことです。通勤や散歩の際に自分の住んでいる地域の危険箇所をよく見て知っておくのです。そして「もしここで火事が起こったら…」というようなシミュレーションをして、火災リスクの少ない場所に避難できるよう準備しておくことです。火災に限らず、「もしいま地震がきたら…」「もし交通事故に遭遇したら…」と想像しながら散歩やジョギングをすることは、突発的な事態に対する避難訓練になっていると言えるでしょう。

8 竜巻とダウンバーストはどこが違う?

局地的に強風をもたらす気象現象に「ダウンバースト」があります。ダウンバーストとは、雨や冷たい空気とともに空から下降する空気の塊が地面に衝突して四方八方に広がるもので、特に航空機の離着陸時に被害をもたらすことが知られています。

船を襲う「白い嵐」とは

今から50年ほど前、メキシコ湾を訓練航海していた帆船アルバトロス号を悲劇が襲いました。8か月にも及ぶ長旅の帰り道、船は突然吹いた強風に煽られて沈没、乗船していた19人のうち6人が亡くなったのです。アルバトロス号を襲った強風は「白い嵐（White Squall）」と呼ばれ、昔から船乗りたちに恐れられてきました。現在では、この嵐の正体は海で発生する「ダウンバースト」だと考えられています。

ダウンバーストとは強い下降気流のことで、竜巻と同じように主に巨大な積乱雲の下で発生します。その原因は降水と気化熱です。雲の下で大雨や雹《ひょう》が降ると、その降水粒子の重さによって空気が引きずり降ろされ、下降気流が強まります。また、雨や雹が乾いた空気の層を落下する際に蒸発する時、周りの空気から気化熱を奪うために、その空気は冷たくなります。そうすると空気の密度が濃く、重くなるため、さらに下降気流が強まるのです。

こうして上空から下降してきた空気は、地面に衝突すると四方に広がり、時には秒速50メートル以上にも達するような強風をもたらすことがあります。その風の吹き出す距離が水平方向に4キロ未満だと「マイクロバースト」、4キロ以上だと「マクロバースト」と呼びます。強風の吹いている時間は、マイクロバーストでは5～15分、マクロバーストでは5～30分と後者の方が長いですが、より強い風をもたらすのはマイクロバーストです。噴き出す距離が小さい方が、エネルギーが狭い範囲に凝縮されるため、風が強くなって危険なのです。

また、ダウンバーストの先端が暖かな空気とぶつかる所では、「ガストフロント」と呼ばれる、上昇気流を伴った小さな前線のような雲の帯が発生します（**図2・10**）。ダウンバースト、マイクロ・マクロバースト、ガストフロントは竜巻ではありませんが、風の強さをFスケールで表します。

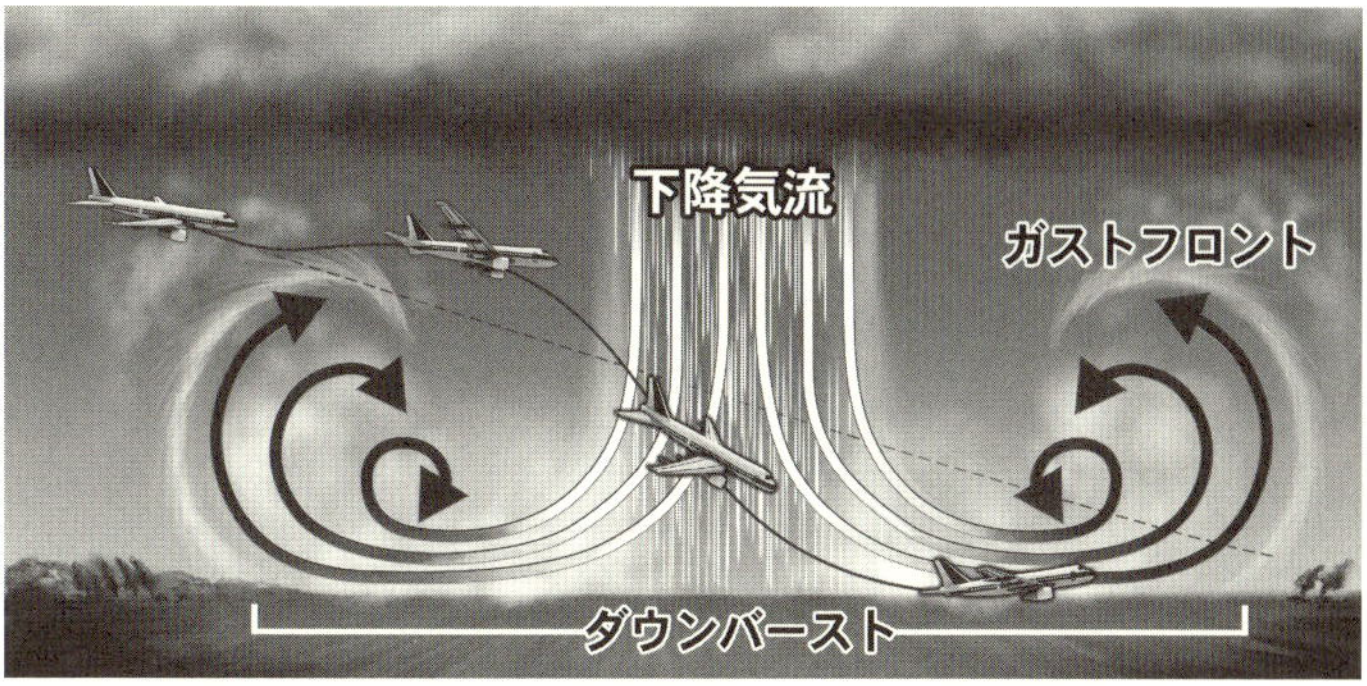

図2.10　ダウンバーストの空気の流れ

竜巻とダウンバーストの違い

ダウンバーストと竜巻は、強風をもたらすことは共通していますが、どこが違うのでしょうか。それは、ダウンバーストは下降気流、竜巻は上昇気流であることです。ダウンバーストは空から落ちてきた風が地面にぶつかり四方に広がるのに対し、竜巻は空気が渦を巻きながら上昇します。このように風の向きに違いがあるため、竜巻は通過した部分だけに直線的な被害を与えるのに対し、ダウンバーストは下降し吹き出して円または楕円状の広い範囲に被害をもたらします。

ダウンバーストの種類

先に述べたように、雨や雹などが下降気流を強める働きをするので、降水を伴う「湿ったダウンバースト」が一般的です。日本で発生するダウンバーストも、そのほとんどが降水を伴っています。しかし、アメリカの大平野や中近東の砂漠地帯などの非常に乾いた地域では、雨が地上に届く前にすべて蒸発してしまうために、降水を伴わない「乾いたダウンバースト」がしばしば発生します。この場合、「尾流雲《びりゅううん》」と呼ばれる、特徴的な雲が見られることがあります。名前のとおり、雲の尾が流れていくような形をしていて、雨が地上に届く前にすべて蒸発してしまった状態を表しています。

ダウンバーストの発生分布と時間帯

ダウンバーストは、竜巻と同様に巨大な積乱雲から発生することが多いため、発生しやすい時間帯も70頁で述べる竜巻の場合とほぼ同じです。地域差はあるものの、日本のダウンバーストは主に気温が上がる14時から16時の間、そして夏の盛りの7月に圧倒的に多く発生します。1991年から2013年までの統計によると、これまでに日本国内で観測されたダウンバーストは約80例あり、年平均3～4例ほどですが、実際にはもっと多く発生していると思われます。

発生場所は全国に分布していますが、特に多いのは北関東です。この理由は関東平野が広大で平坦なために風を遮るものがなく、暖かく湿った南の海上からの空気と、冷たく乾いた北からの空気とがぶつかりやすく、巨大な積乱雲が成長しやすいためです。ダウンバーストの発生数が最も多いのは栃木県ですが、ここは日本一雷が多い場所でもあります。北関東は夏場、積乱雲が発達しやすいのです。

ダウンバーストによる被害

ダウンバーストは航空機の離着陸時の大きな脅威で、過去にたびたび航空事故を引き起こしてきました。1975年6月24日にアメリカ・ニューヨークのJFK空港で着陸寸前のイースタン航空機がダウンバーストにより墜落・炎上し、112人の死者を出しました。また、1985年8月2日にもダラス・フォートワース空港で着陸前のデルタ航空機が135人の死者を出す事故を引き起こしました。日本では、1993年4月18日に岩手県花巻空港で日本エアシステムの航空機がダウンバーストにより滑走路に叩き付けられて炎上するという事故が起こりましたが、幸いにも死者は出ませんでした。現在では多くの空港にダウンバーストの発生を検知するドップラーレーダーが設置されており、このような航空事故は格段に減っています。

国内で大きな被害を出したダウンバーストは、茨城県で二度発生しています。1996年7月15日に下館市で発生したダウンバーストはF1～F2相当の突風を伴い、400棟以上もの家屋を損傷させ、屋根から落ちてきた太陽熱温水器のガラスが直撃した1人が亡くなりました。また2003年10月13日に神栖市で発生したダウンバーストでは、秒速45メートルの突風により大型クレーンが落下、作業員2人が亡くなっています。

コラム

サイクロン掃除機と竜巻

掃除機は1868年にアメリカで発明されました。手動のポンプで容器内の空気を抜き、そこにゴミを吸い込むという簡単な仕組みだったようです。それが進化して現代では吸い込む空気に回転を与え、より吸引力を増したのがサイクロン掃除機です。でも考えてみると、これは竜巻で強風が発生する理由（角運動量保存則）と同じことです。サイクロン掃除機は、あの小さな容器の中に超ミニ竜巻を作り出して、効率的にゴミを吸い集めているわけです。最近では毎分10万回転の小型モーターで吸引力を高め、これをトルネードシステムと呼ぶものもあるそうです。言い得て妙の名前ですね。

映画『ツイスター』の裏話①

ウソのようなホントの話ですが、映画『ツイスター』は『ゴジラ』からヒントを得て作られました。ツイスターの監督を務めたジョン＝デ＝ボン氏は無類のゴジラ好きとして有名で、ハリウッド版ゴジラの監督を依頼されたことがありました。しかし、彼の熱の入れようは相当なもので、予算を度外視した企画となったために、監督を降板させられてしまったそうです。失意のどん底にあったデ＝ボン監督は、果たせなかったゴジラへの思いを『ツイスター』の中で暴れ狂う竜巻を描くことで実現させたと言っています。

第3章

竜巻の発生

越谷市で竜巻が発生した時のスーパーセル（2013年9月2日）
（提供：瀬戸豊彦 氏）

1

竜巻はいつ、どこで発生しやすい？

竜巻は、親雲である積乱雲ができやすい気象状況の時に発生しやすくなります。時間帯は、上空と地上の空気の気温差が大きくなる日中です。季節は、日本では夏、アメリカでは春と、地域によって異なります。

竜巻が発生しやすい時間帯

竜巻は発達した積乱雲に伴って発生するので、夏の雷雨と同様、日中の気温が高い時に発生しやすくなります。18頁でも述べたように、上空の冷たい空気と地上の暖かい空気との気温差が広がるほど大気が不安定になり、空気が上下に激しく対流し、雲が成長するのです。つまり、地上の気温が上がる昼から午後にかけてが雷雨の発生しやすい時間帯、つまり竜巻が発生しやすい時間帯となります。

例えば、日本の竜巻の発生が多い時間帯は11時から18時の間となります。このうち最も多い

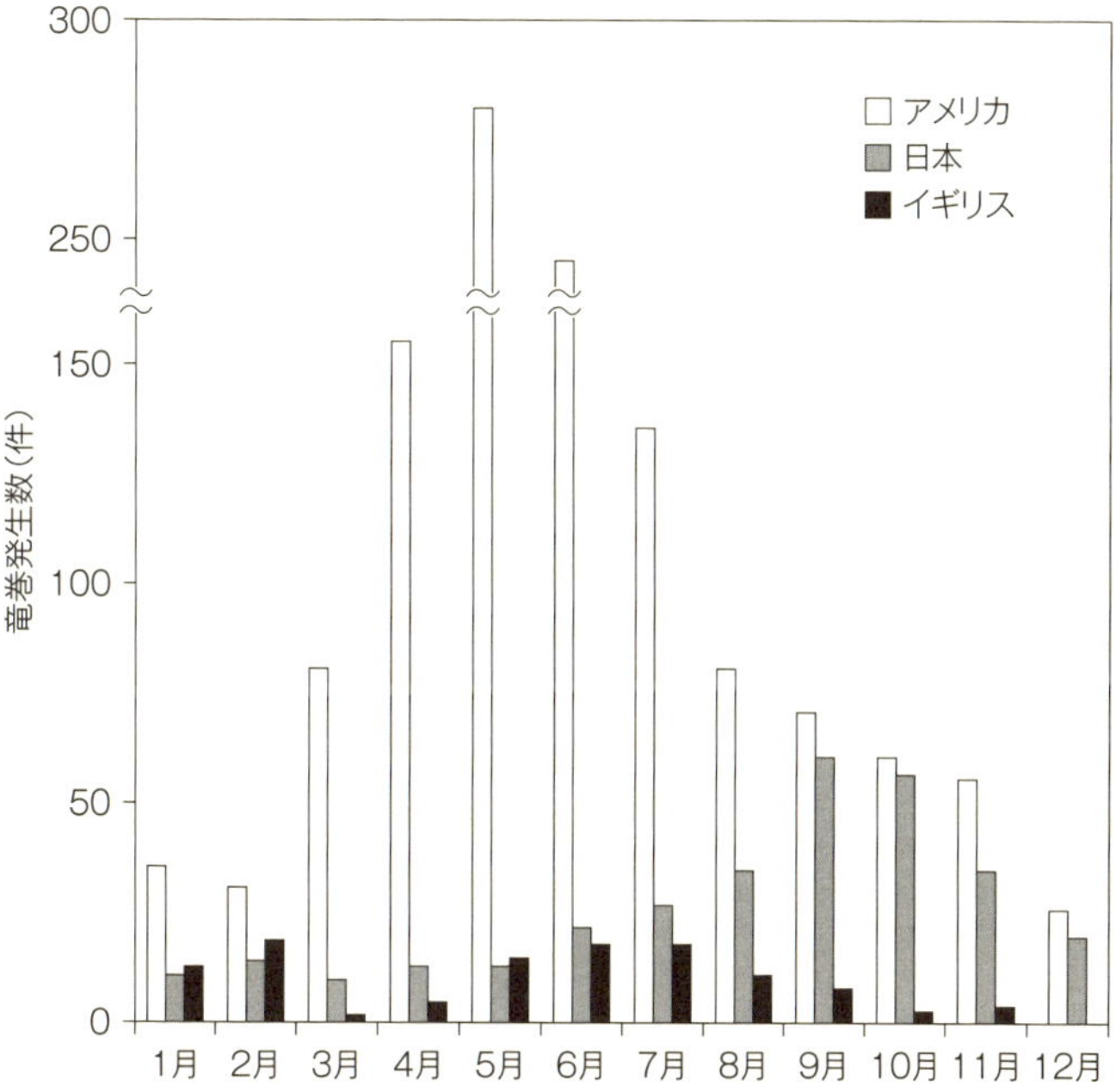

図3.1　アメリカ、日本、イギリスの月別竜巻発生数
（出所：アメリカ海洋大気庁、気象庁、Holden & Wright 2004年）

のは地上の気温が最も高くなる13時から14時の間です。一方、アメリカでも15時から19時の間がピークです。このように竜巻は昼間に発生することが一般的なのですが、夜間に発生することもまれにあります。夜間は就寝中の人が多かったりするため、竜巻の被害が大きくなる傾向があります。

竜巻が発生しやすい季節

竜巻が発生しやすい時間帯はどの地域でもほぼ同じですが、発生しやすい季節は**図3・1**のように異なります。アメリカでは圧倒的に5月と6月が多いのに対し、日本では9月と10月、イギリスでは2月となっています。このように多発する季節が異なる理由には、竜巻発生時の気象状況の違いが関係しています。

アメリカの竜巻は空気の寒暖差によって発生する積乱雲によるものが多いため、冬の寒気と暖気が入り混じる春が竜巻が発生しやすい環境となります。日本の竜巻は台風に伴う積乱雲によって発生することが多いため、台風が日本に近づきやすい夏の終わりから初秋にかけてが最も多くなります。イギリスの竜巻は冬に大西洋上で急速に発達した低気圧が通過する際に発生することが多いです。

竜巻が発生しやすい地域

78~79頁の世界の竜巻発生分布（図3・4）を見ると、アメリカ中央部の大平野や各国の海岸線に竜巻が集中していることが分かります。これらの場所に共通するのは平野であることです。平野で竜巻が多く発生する理由は、山などの起伏によって空気の流れが邪魔されないため、異なる温度や湿度を持った空気の流れが正面衝突し、上昇気流によって親雲が発達しやすくなるからです。逆に、高層ビルが密集した都会では風が乱れるため、竜巻が発生しにくいとも言われています。

2 竜巻は都会では発生しにくい？

竜巻は都会では発生しにくいという説があります。これが偶然なのか、もしくは都市気候などの人的要因によるものかは、まだ定説がありません。竜巻がまれな気象現象であるため、原因を断定できないというのが現時点の見解となります。

都会では竜巻が少ない

都会には人を惹きつける何かがありますが、その魅力は竜巻には通じないようです。竜巻は都会では発生しにくいという説がありますが、その発端となったのは、藤田哲也博士の行った調査です。彼がシカゴで発生した竜巻の記録を詳細に調べたところ、シカゴ近郊では数十年間竜巻が発生していないことが判明しました。

東京の場合はどうでしょうか。**図3・2**は1961年から2012年までの東京近郊の竜巻の分布です。埼玉県や千葉県では多く観測されていますが、東京23区内ではいくつか、山手線

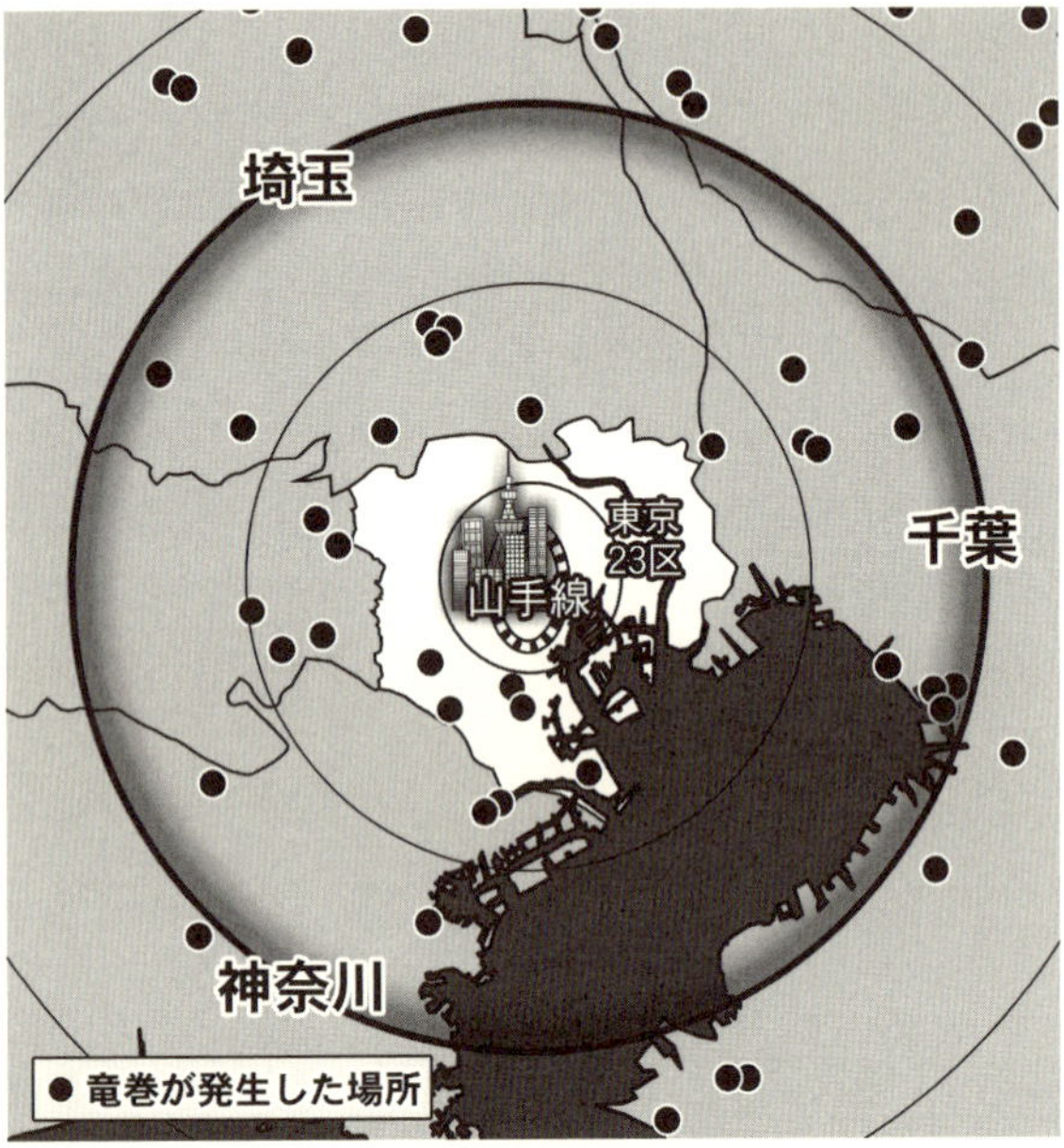

図3.2　東京近郊における竜巻のドーナツ化現象

の内側には一つもありません。このように竜巻は東京の都心部を中心に、ドーナツ状に分布しているように見えます。なぜ竜巻は都会では発生しにくいのでしょうか？

都会で竜巻が少ない理由

藤田博士は、都会では竜巻が発生しにくいという説について、以下のような仮説をたてました。まず、高層ビルがそびえたつ都会では、何もない所に比べて大気に摩擦力が働いたり、風の流れが変わったりして、竜巻の生成が阻害されるのではないかと考えました。さらに、１００万人を超える人口を抱える当時のシカゴのような都会では、

「ヒートアイランド現象」が起こり、熱がたまって上昇気流が発生し、これが竜巻の発生に必要な水平方向の風を邪魔するのではないかとも考えたのです。

藤田博士が行った実験では、これらの仮説を支持する結果となりました。藤田博士は竜巻がシカゴに発生するという設定で、身近なものを用いて模擬実験を行いました。ミシガン湖に見立てて小さな水たまりを、高層ビル群の代わりに小さな岩を配し、その下で電線を熱して都市気候を再現しました。そこに機械で小さな竜巻を発生させたところ、竜巻は岩に当たった瞬間、見事に衰弱していったのです。

しかし、藤田博士はこうも付け加えました。「そもそも都会は面積が狭いので、発生する竜巻の数も少ないはずである」。つまり、都会はその他の地域に比べて面積が狭いのだから、竜巻発生数が少ないのも当然と結論付けたのです。確かに、シカゴのあるイリノイ州とシカゴ市の面積の比は、イリノイ州とシカゴ市の竜巻発生数の比と一致していました。

都会で発生した竜巻

それでは、その数少ない都会の竜巻とはどのようなものだったのでしょうか。映画『風と共に去りぬ』の舞台であり、周辺地域を含めて約500万人が住むと言われるアメリカ南部の最大商業都市アトランタ。2008年3月、この大都市にEF2の竜巻が発生し、およそ10分間

図3.3　竜巻によって脱線転覆した営団地下鉄東西線（1978年2月）ⓒ毎日新聞社

に10キロを駆け抜けていきました。この時は死者1人、負傷者は30人に及び、建物の破壊や高層ビルの窓ガラスが割れるなど、多大な被害が生じました。

また、2011年5月には、台湾北部では初めてと言われる竜巻が大都市である新北市で発生し、車を吹き飛ばす、家屋を損傷させる、などの大きな被害を引き起こしました。

日本の都会で発生した竜巻としては、1978年2月28日の竜巻があります。21時20分頃、神奈川県川崎市で発生した竜巻は、時速130キロという猛スピードで東京から千葉へと駆け抜けました。事故が起こったのは21時34分のことです。竜巻はちょうど荒川鉄橋を走行中だった営団地下鉄東西線の列車に衝突し、後部車両2両が脱線転覆、乗客23人が負傷しました（**図3・3**）。

3 世界のどの国で竜巻が多い？

物事を比較する場合には、条件を揃えなければなりません。竜巻は人口の多い地域で目撃されることが多いので、人口密度の少ない地域では「竜巻が起きにくい」と誤解されがちです。

世界の竜巻発生分布

意外に思われるかもしれませんが、条件さえ揃えば、竜巻は地球上のどこにでも起こり得る気象現象です。竜巻は世界の５大陸すべてで発生しています。南極大陸では陸上竜巻は観測されていませんが、水上竜巻が観測されているので、竜巻が起こり得ないというわけではないようです。ただし、発生場所に関しては偏りがあるようで、発生しやすい場所とそうでない場所があります。

図３・４は竜巻の観測された場所を表しています。１９７３年に藤田哲也博士が作成した図

と１９９５年にアメリカ国立気候データセンターが発表した図をもとに、筆者が集めたデータを付け加えました。この図から中緯度帯に竜巻が出現しやすいことが分かります。また、この地域はアメリカの穀倉地帯のような、農業が盛んな肥沃な土地と重なるのです。これはなぜでしょうか。

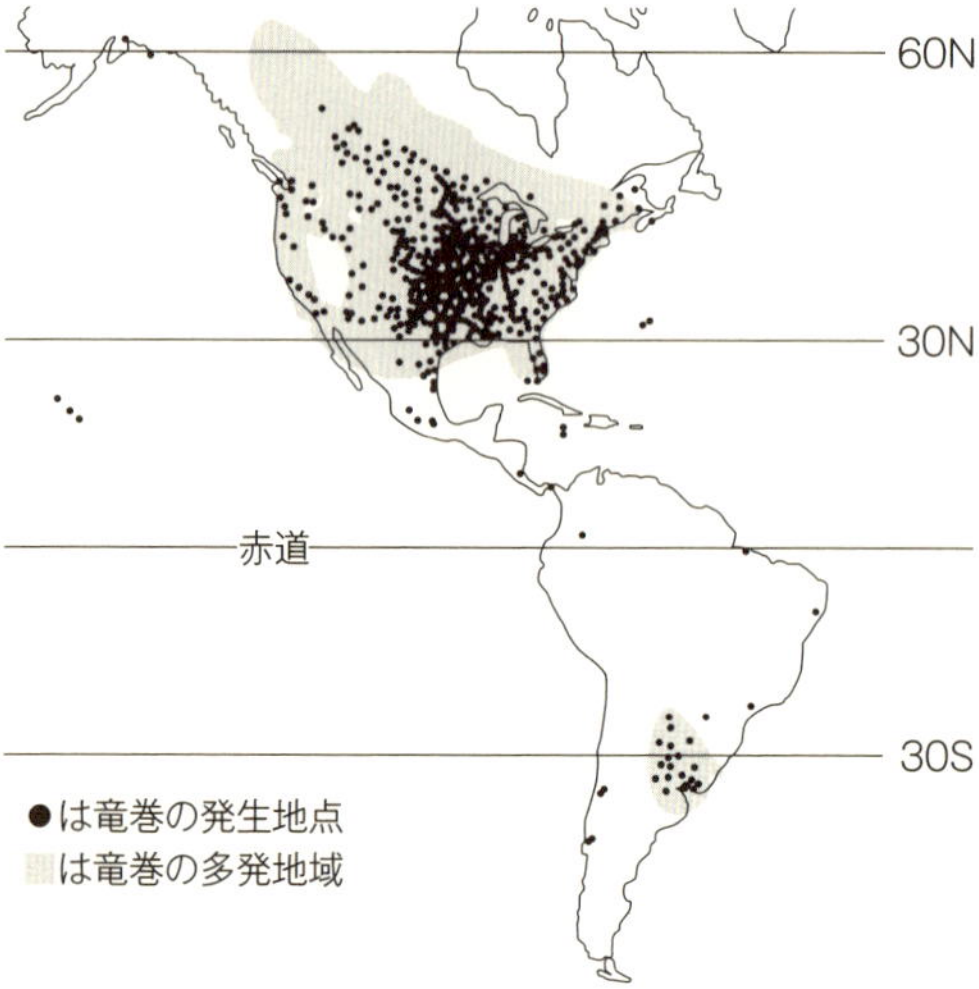

農業が盛んということは、雨が降りやすい、つまり雲が発達しやすい場所にあたります。そして暑すぎず、寒すぎずという温暖な気候の下では、極地方からの冷たい空気と、熱帯地方からの暖かい空気が適度に混じりあい、竜巻が発生しやすいのです。結果として、人間と竜巻の好む場所は同じということになります。残念ながら、私たちは竜巻と熾烈な縄張り争いをしなければならない運命にあるようです。

竜巻が最も発生しやすい国は、もちろん竜巻大国アメリカです。世界の年間竜巻発生数

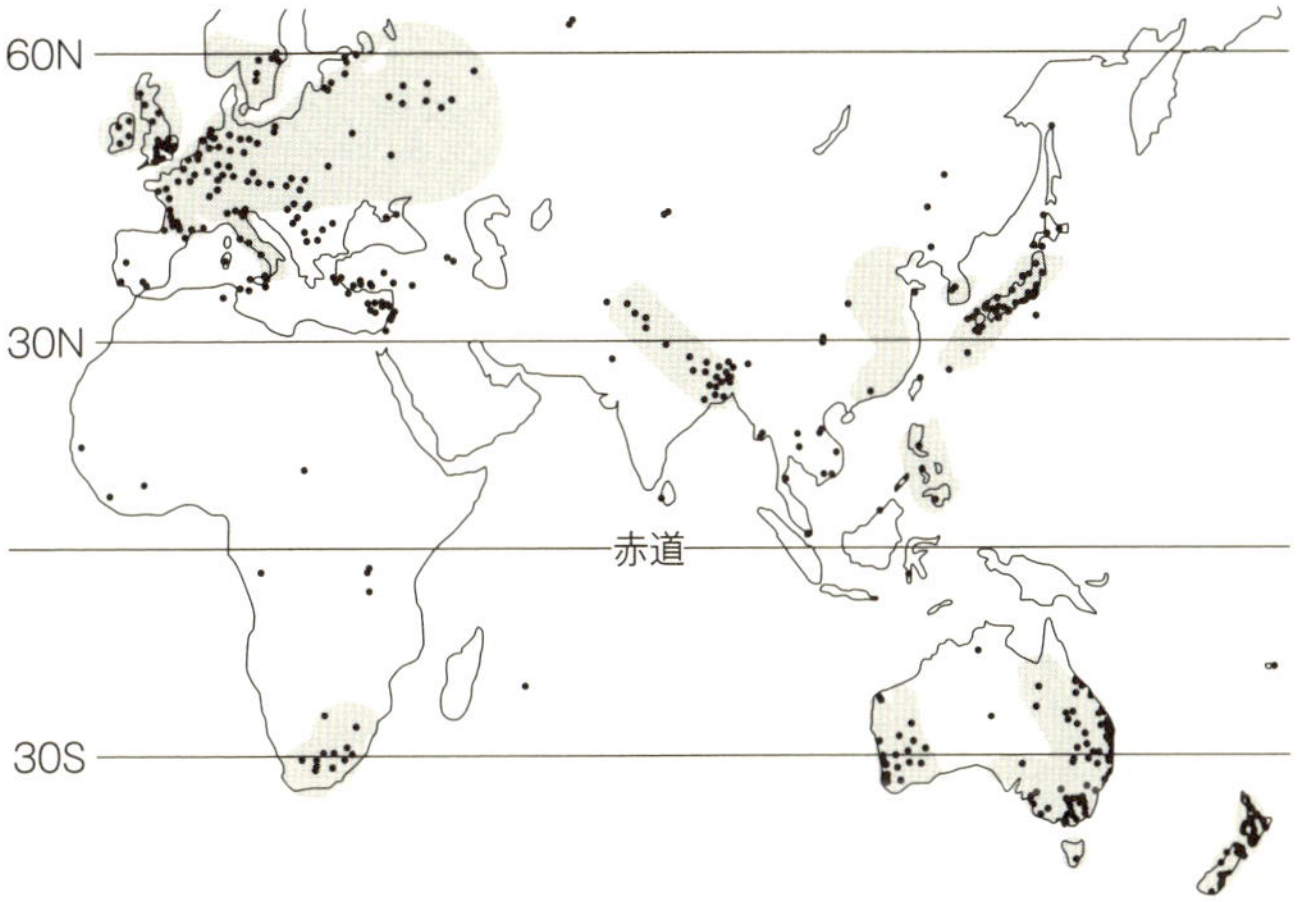

図3.4　世界の竜巻発生分布

は1500個と言われますが、その約4分の3にある1250個ほどがアメリカで発生しています。2番目はカナダで、年間約100個の竜巻が発生しています。

ヨーロッパの竜巻

ヨーロッパは竜巻とは無縁なように思えますが、意外にも年間約170個の竜巻が発生しています。ただし、ヨーロッパはアメリカよりもずっと北に位置しているので暖かな空気がそれほど入らないため、ぜい弱で短命な竜巻が多いです。1981年11月にはイギリスで、たった5時間半のうちに105個もの竜巻が発生したことがありますが、幸いにもすべて弱いものばかりで死者は出ませんでした。

イギリスにおける竜巻発生の原因の多くは、冬季に発生する台風並みに発達した低気圧や前線です。冬季、大西洋上では低気圧が急速に発達し、ヨーロッパに襲来することが多いのですが、2012年に日本で流行語大賞を取った「爆弾低気圧」という名前の由来はこれらの嵐です。英語では「ウェザー・ボム」もしくは「ボム・サイクロン」と言ったりします。「ボム」とは爆弾のことです。

このように、ヨーロッパでは弱い竜巻がほとんどですが、まれに強い竜巻が発生し、猛威を奮うこともあります。フランスが特にその被害を受けやすいようです。1845年8月、フランス北部の街モンビルでF5の竜巻が発生して約70人が死亡、200人が負傷しました。このほかにも1902年6月には、ヨーロッパ史上最大となる幅3キロにも及ぶ巨大な竜巻が発生しています。この記録は現在まで破られていません。

気象学者のニコライ・ドーツェク博士によると、ヨーロッパ各国の年間竜巻発生数（水上竜巻を除く）は、多い順にイギリス（33個）、オランダ（20個）、イタリア（15個）、ドイツ（10個）、フランス（8個）となります。単純に竜巻発生数だけを見ると、ヨーロッパはアメリカにまったく及びませんが、面積あたりの発生数を見ると、オランダが世界一となります。つまり、オランダにいる方がアメリカにいるよりも竜巻に遭遇する確率は高いのです。海よりも低くて平らな土地が広がるオランダは、水車だけでなく竜巻も発達させていたのです。

アフリカの竜巻

図3・4に戻ると、アフリカに空白の地域が目立ちます。実際にはこれより多くの竜巻が発生していると予想されますが、気象観測所や目撃情報が少ないために記録が少ないのです。ただし、南アフリカは記録が比較的多く、強い竜巻が発生することもあるようです。なかには歴史的な人物と遭遇した竜巻もあります。1998年12月、インド洋から50キロ内陸にある街に出現した竜巻は、偶然にも当時大統領であったネルソン・マンデラ氏が訪れていた薬局を襲いました。窓ガラスや屋根が壊れるなどの被害がありましたが、ボディーガードがマンデラ元大統領の上にかぶさって守ったので、怪我一つなかったそうです。

4 アメリカではなぜ竜巻が多い？

世界の竜巻の約４分の３はアメリカで発生しています。アメリカには広大な平野と山脈があり、異なる温度や湿度の空気がぶつかりやすいという、竜巻が発達しやすい条件が揃っているからです。

竜巻街道

日本有数の繁華街である銀座の華やかなイメージにあやかろうと、全国各地に「〇〇銀座」と名の付く商店街が数多く存在します。また、そのにぎわった印象から派生した「台風銀座」という言葉もあります。これは沖縄、九州、四国、近畿地方の南部を指し、台風が頻繁に通過する地域のことです。

これと同様に、アメリカにも竜巻が発生しやすい地域を指す言葉があります。それは竜巻銀座ならぬ「竜巻街道（Tornado Alley）」です。テキサス州やオクラホマ州などの南部から、

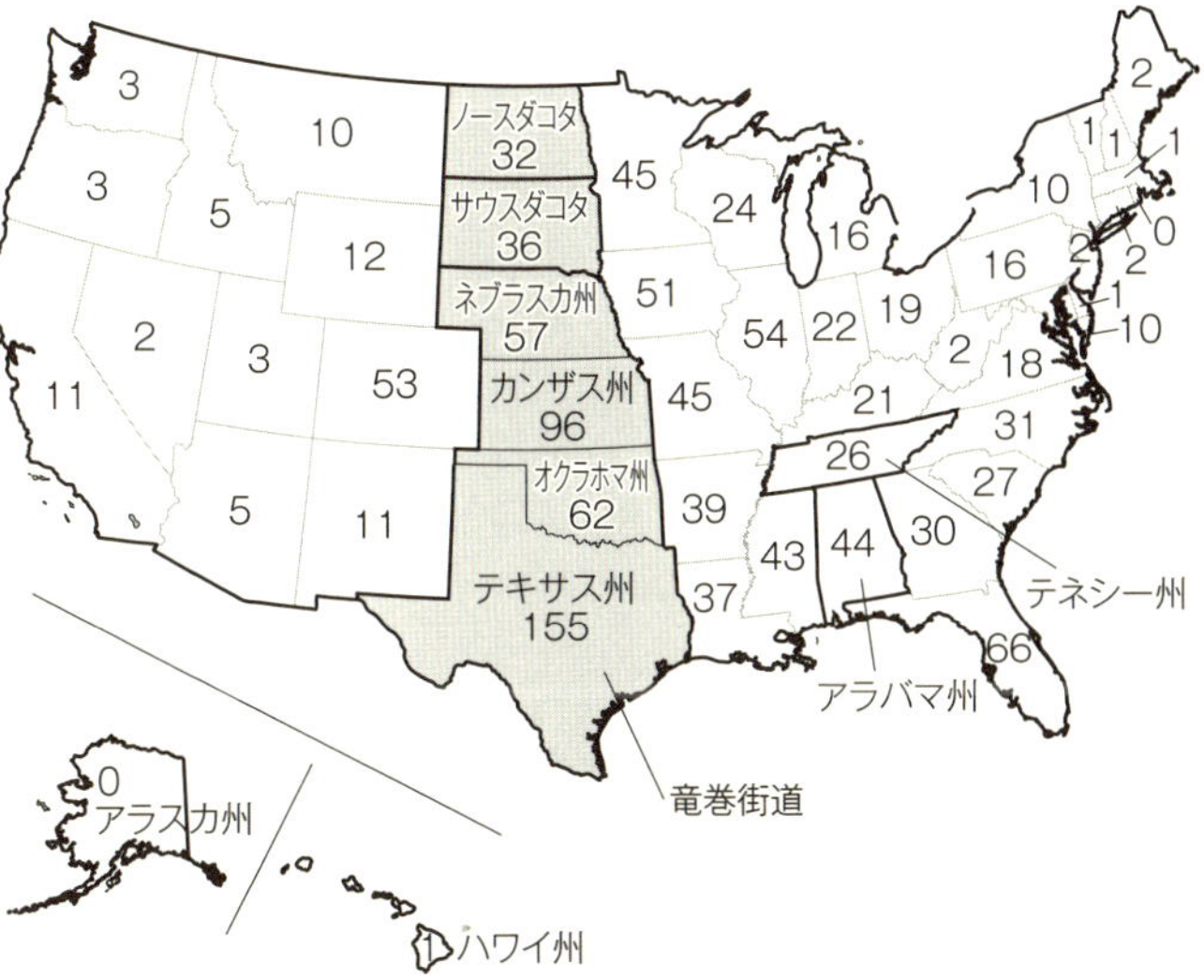

図3.5　各州の年間竜巻発生数（1991~2010年の平均）と竜巻街道（出所：アメリカ海洋大気庁）

アメリカのへそと呼ばれるカンザス州を通って、ネブラスカ州あたりまでの地域を指します（**図3・5**）。時にはカナダ中部の平野まで含めることもあります。これらの地域は広大な平野部の大穀倉地帯であり、発生する竜巻の数は全米平均の約3倍にも及びます。ちなみに映画『ツイスター』の舞台もオクラホマ州です。

竜巻大国である理由

この竜巻街道は竜巻に適した気象・場所・地形という3条件を兼ね備えています。

竜巻の発生にとってまず必要なのは、乾いた冷たい空気と湿った暖かな

図3.6　竜巻街道の３条件（気象・場所・地形）

空気の存在です。**図３・６**のように、アメリカの北部には高緯度地方からの寒冷で乾燥した空気があり、南側にはメキシコ湾の温暖で湿潤な空気があります。次に、それらの空気がぶつかるための広大な平野が必要ですが、竜巻街道はまさしくその場所にあたるのです。さらに西のロッキー山脈、東のアパラチア山脈が風をせき止めるため、北と南からの風はここで衝突するしかなくなります。衝突した風は上昇し、積乱雲を発達させます。そして雲の中に渦ができると、その渦が地上から空気を吸い込んで竜巻が発生するのです。

ディクシー街道

アメリカで竜巻発生数が最も多いのは竜巻街道ですが、竜巻による犠牲者が最も多いのはテキサス東部から大西洋岸にかけての南東部です。この地域は南東諸州という意味のディクシーから「ディクシー街道（Dixie Alley）」と呼ばれます。1981年から2010年にかけての調査によると、竜巻による年間死者数が最も多いのはアラバマ州で6人、次がテネシー州で5人となっています。なぜ、これらの州では犠牲者が多いのでしょうか。それはアメリカ南東部には竜巻街道の州よりも人口が密集しているうえに、この地域の竜巻は住民に発見されにくい、次のような特性があるからです。

①木々が多いため視界が遮られやすい。
②メキシコ湾に近く、湿った空気が多く流入し、竜巻が雨や水蒸気で隠れてしまいやすい。
③上空の風が強い春や秋に発生することが多いため、竜巻の移動速度が速くなりやすい。

さらに、この地域は日が沈んでも気温が高いため、半数近くの竜巻が夜間に発生し、街が寝静まる頃にこっそりと現れるのです。ほかの地域の竜巻は15時から19時の間に発生することが多く、夜間にはほとんど発生しないのですが、テネシー州では約4割の竜巻が20時から翌朝6時の間に発生しています。さらに、この地域にはプレハブ住宅が多く、地下室やシェルターといった竜巻から逃げられる場所を持っている家が少ない、という経済的な事情も関係しているのです。

ハワイ州とアラスカ州の意外な共通点

それではアメリカのどの地域が安全なのでしょうか。極端に寒かったり暑かったりする場所を竜巻は好みません。全米50州のうち、最も竜巻が発生しにくいのはハワイ州とアラスカ州です（州の広さ、竜巻の頻度や移動距離などを考慮したGrazulisの指標による）。1950年から2013年までの竜巻発生記録によると、ハワイ州は約40個のみで、しかもそのすべてがF2以下です。一方、アラスカ州では土地が広大な割に人口が少ないことも関係しているものの、たった2個しか記録がありません。

このように竜巻発生記録が全米で最も少ない両州ですが、もう一つ、共通する意外な記録を持っています。それは最高気温の記録が最も低い州ということです。ハワイ州とアラスカ州の最高気温の記録は約38℃ですが、これは全米50州で最も低い最高気温なのです。ちなみに日本でも同じことが起こっています。最高気温の記録が最も低い県庁所在地は札幌市と那覇市で、両市は37℃を上回ったことがありません。

5 世界にはどんな竜巻の記録がある？

世界では毎年約１５００個の竜巻が発生していると言われています。その多くは弱いものですが、時には突然変異のごとく巨大な竜巻や高速で移動する竜巻が発生することもあります。ここでは記録的な竜巻を紹介しましょう。

世界一長い距離を駆け抜けた竜巻──１９２５年アメリカ

約1世紀を経た今でも、塗り替えられることのない竜巻の世界記録があります。それは１９２５年3月にアメリカで発生した、史上最長の距離を猛スピードで駆け抜けていったF５の竜巻です。この竜巻はまた、アメリカ史上最多となる死者も出しました。

イリノイ州にあるウェスト・フランクフルトという小さな炭鉱の町では、その日も１５００人を超える炭鉱夫たちが地下で作業を行っていました。15時過ぎのこと、頭上で轟音が響いたかと思うと、突然電気が消えたのです。何が起こったのか訳も分からぬまま地上に出た男たちは、目の前の変わり果てた光景に目を疑いました。そこにあるはずの家々は吹き飛ばされてなくなり、街は壊滅的な状態に一変していたのです。被害者の多くは女性と子供で、死者は127人にも及びました。

この竜巻はアメリカのミズーリ州・イリノイ州・インディアナ州を移動したため、「トライステート（3州）竜巻」と呼ばれています。3時間半という長時間にわたって猛威を振るい、最終的には695人が死亡、約2000人が負傷、1万5000棟もの家屋が破壊されました。また、352キロという長距離を移動した竜巻として今日でも世界一の記録とされています。

このように被害が拡大した理由の一つに、竜巻の動きが速かったことが挙げられます。巻き上げられた多くの砂やがれきによって、住民たちには竜巻の全貌が見えなかったこともあり、彼らがその存在に気付いたのは被害が拡がり始めてからのことでした。

史上最多の竜巻を発生させた嵐——2011年アメリカ

年間1250個の竜巻が発生するアメリカですが、たったの4日間でその約4分の1にあたる343個の竜巻が発生したことがあります。それは2011年4月25～28日のことで、一連の嵐によって発生した竜巻の史上最多記録となっています。アメリカ南部と東部での死者は321人、1年に一度くらいの頻度でしか発生しないとされるEF5の竜巻が、この時は四つも発生しました。また、EF4の竜巻がアラバマ州にある「タスカルーサ」という、日本語読みだと何とも楽観的な名前の町を直撃し、多くの被害者を出したのです（**図3・7**）。

実は、この竜巻が発生した1か月前に東日本大震災が起こっていたのですが、竜巻被害で家を追われた住民たちは、東北の被災者を手本に避難所の秩序を守ったと言われています。東北の被災者が苦境の中でも礼節のある態度をとっていることに心打たれたというのです。「衣食足りずとも礼節を知る」。困難な中でも助け合いと礼儀を忘れない東北の被災者に感銘を受けたのは、日本人だけではなかったようです。

図3.7　アラバマ州タスカルーサの竜巻被害の様子（2011年4月）（出所：アメリカ海洋大気庁）

最も多くの死者を出した竜巻―1989年バングラデシュ

一つの竜巻による最多死者数は、アメリカでは前述の695人、日本では9人（2006年11月7日、北海道佐呂間町）ですが、世界史上最多の死者を出したのは、1989年4月にバングラデシュを襲った竜巻です。半年間にわたる干ばつが続いていたこの地に、竜巻は突如出現しました。人口が密集する地域で家屋が簡素な造りであったこと、そして竜巻の襲来を知らせるシステムがなかったことから被害は甚大なものとなり、最終的には約1300人が死亡、1万2000人以上が負傷をしました。

バングラデシュの竜巻発生数はアメリカより少ないにもかかわらず、竜巻による年間死者数の平均は179人（1967〜1996年）と、アメリカの80人よりもずっと多いのです。

その他の竜巻世界記録

・最も大きい竜巻 ↓ 幅4・2キロ（2013年5月、アメリカ・オクラホマ州）

・最も風の強い竜巻 ↓ 秒速142メートル以上（1999年5月、アメリカ・オクラホマ州）

・最も気圧の低い竜巻 ↓ 850ヘクトパスカル（2003年6月、アメリカ・サウスダコタ州。記録に残っている海面更正気圧のうち、最も低い気圧）

・一つのハリケーンから発生した竜巻の史上最多数 ↓ 117個（2004年9月、アメリカ東海岸。ハリケーン・アイバンによる）

6 日本も竜巻大国って本当？

日本の年間竜巻発生数は約25個で、アメリカの１２５０個の50分の1です。そのため日本では竜巻の発生は珍しいと思われがちですが、面積あたりの発生数で見るとアメリカの半分であり、意外と日本は竜巻が発生しやすい国と言えます。

竜巻を面積あたりの発生数で比べてみる

「竜巻発生数の世界一はアメリカ」というのは、あまり本質を突いた話ではありません。数が多い理由には国土の広さも大きく影響しているからです。つまり、単純に国全体の竜巻発生数ではなく、一定面積あたりの発生数を比較する必要があります。そうするとイギリスやオランダの方がアメリカよりも発生数が多くなります。

このように面積あたりの発生数を見ると、意外と日本も竜巻が発生しやすい国ということが分かります。アメリカと日本の年間竜巻発生数（水上竜巻を除く）は、それぞれ１２５０個（1

表3.1　都道府県別面積あたりの竜巻発生数
（1961～2013年の合計、海上竜巻を除く、
気象庁竜巻データベースを参考に作成）

順位	都道府県	発生数（個）	面積（km²）	面積あたり発生数（個）
1位	沖縄県	79	2276.72	0.034699
2位	東京都	25	2103.97	0.011882
3位	千葉県	39	5081.93	0.007674
4位	宮崎県	52	6794.78	0.007653
5位	埼玉県	26	3767.92	0.006900
⋮	⋮	⋮	⋮	⋮
43位	奈良県	1	3691.09	0.000271
44位	滋賀県	1	3766.90	0.000265
45位	兵庫県	2	8396.47	0.000238
46位	広島県	2	8479.81	0.000236
47位	長野県	3	13104.95	0.000229

991～2010年）と25個（2007～2013年）で、アメリカでは日本の50倍の竜巻が発生していることになります。しかし、アメリカの面積が日本の25倍あることを考慮すると、日本の竜巻発生数はアメリカの50％になります。日本では台風や地震の陰に隠れてあまり目立たない竜巻ですが、面積あたりの発生数は意外と少なくないのです。

竜巻が発生しやすい地域

本書の見返しに全国竜巻発生地点マップを掲載してあります。この図のように、東北から北陸地方にかけての日本海側沿岸、関東平野、東海地方の沿岸、九州と四国南部沿岸、そして南西諸島に竜巻は多く発生しており、特に海に近い平野部での発生が顕著です。

都道府県別の竜巻発生数（1961～2013年の合計）をみると、最も多いのは沖縄県（79個）、次い

で鹿児島県（60個）、北海道（59個）、宮崎県（52個）、高知県（49個）となります。この竜巻発生数を都道府県の面積で割った面積あたりの発生数にすると、**表3・1**および次頁の全国竜巻発生ランキングのようになり、1位は沖縄県、2位は東京都、3位は千葉県、4位は宮崎県となります。ちなみに2位の東京都は小笠原や八丈島などの島しょ部を含んでおり、竜巻のほとんどがこれらの島々で発生しています。島しょ部を除くと7位になります。

竜巻の発生原因

竜巻の発生原因には地域差がありますが、多い順に①前線、暖気や寒気の移流、②低気圧、③台風となっています。沖縄や九州南部で竜巻が多い理由は、台風の影響です。千葉県などの関東平野で多い理由は、台風の影響のほかに、アメリカの竜巻街道と同じように、海から吹き込む暖湿な空気と北からの冷たい空気とが交わりやすいという条件を満たしているためです。

日本とアメリカの竜巻の違い

国土が狭く山がちで周囲を海に囲まれている日本では、南北の寒暖差がアメリカほど極端ではないことなどから、両国で発生する竜巻の規模には大きな差があります。

過去に日本で発生した最も強い竜巻はＦ３（秒速70～92メートル）ですが、アメリカではＦ

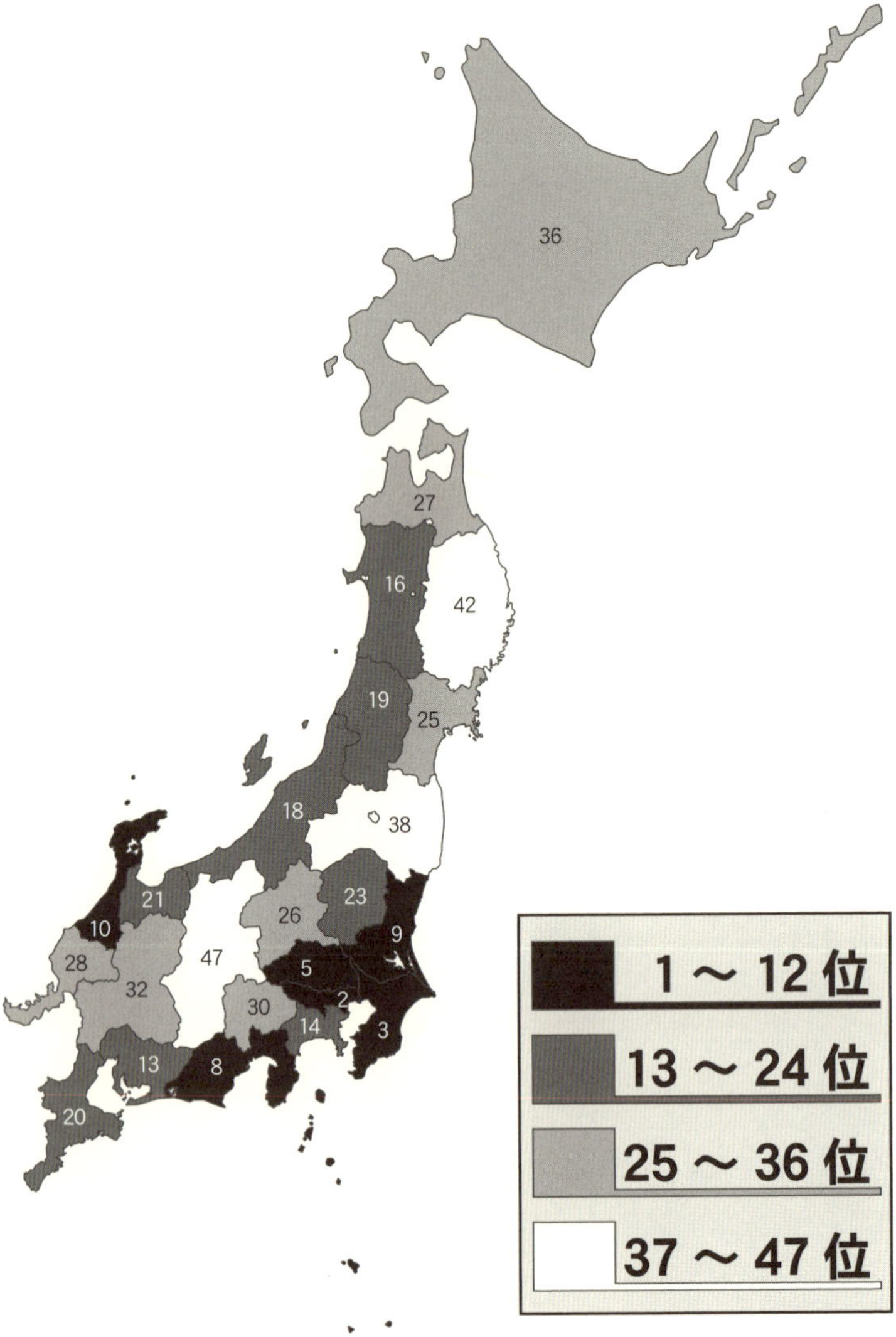

（1961～2013年，海上竜巻を除く）

全国竜巻発生ランキング

（数字は都道府県別面積あたりの竜巻発生数の順位）

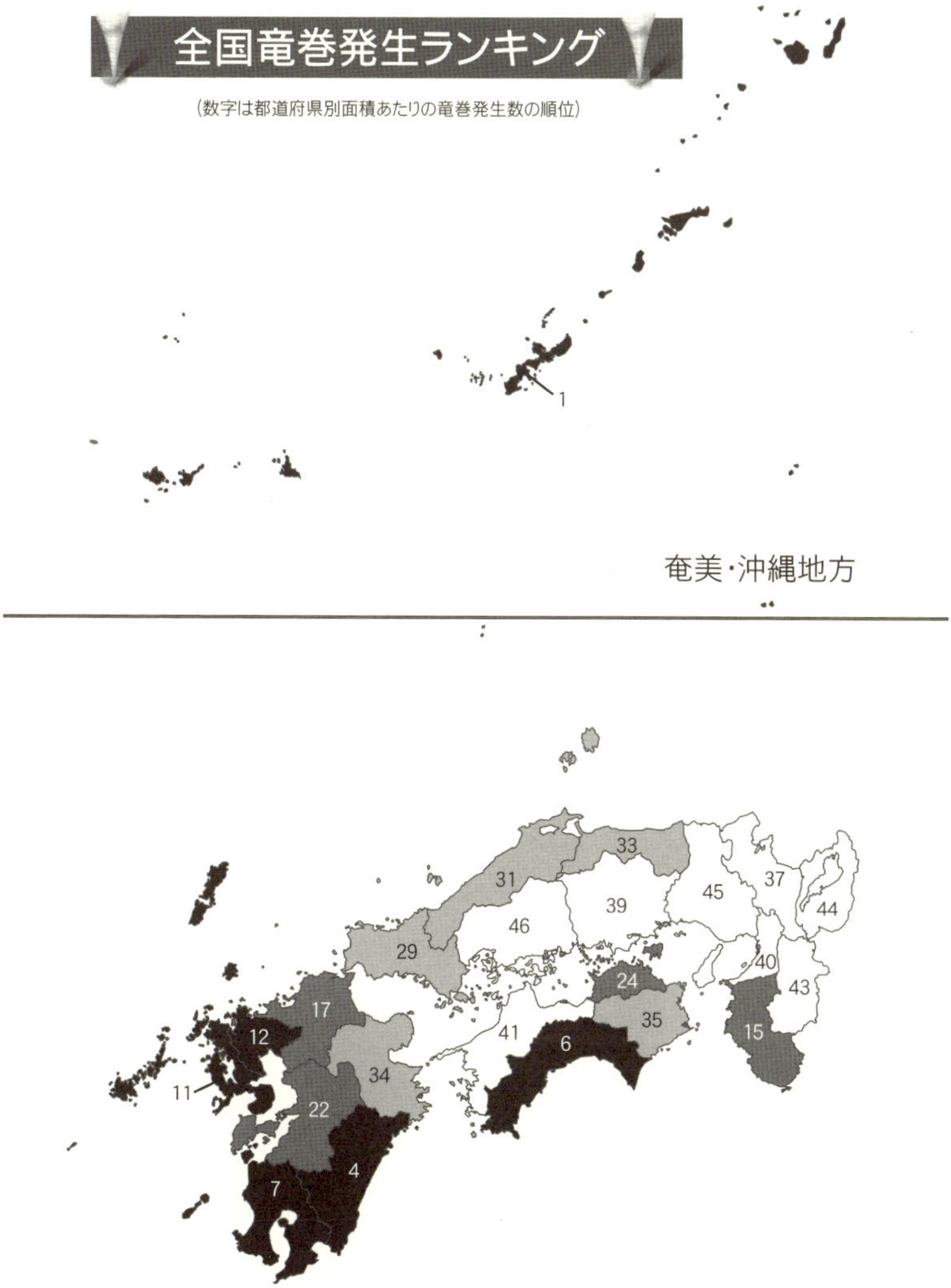

5（秒速約142メートル）と言われています。F3とF5の間には、藤田哲也博士の言葉を借りて言うと、「強烈な被害」をもたらすものと「想像を絶する被害」を生むものくらいの差があります。また、日本の竜巻の平均移動距離は平均3・3キロ、それに対してアメリカでは8キロにも及びます。その結果、アメリカの竜巻は日本の竜巻よりもはるかに長寿命です。

このように竜巻発生数、強さ、大きさ、移動距離などの違いから、日本での竜巻による年間死者数の平均は0・5人なのに対し、アメリカでは平均80人、多い年には500人以上も犠牲になっています。

面積あたりの竜巻発生数の差は極端に大きくはありませんが、竜巻の規模は比較にならないほどの差があるのです。日本の狭く山がちな国土が、私たちを竜巻から守ってくれていると考えれば、多少の不便も我慢できそうです。

7 日本にはどんな竜巻の記録がある？

古文書やその土地に残る言い伝えなどから、昔から日本では竜巻によって大きな被害が発生していたことが分かります。また最近でも、住宅の土台を吹き飛ばすほどの強い竜巻も発生しています。

記録に残っている最古の竜巻

竜巻の数や規模こそアメリカに及びませんが、その歴史は日本の方がはるかに長く、記録に残っている日本最古の竜巻はアメリカよりも６００年以上も前のものです。アメリカは建国からの歴史が浅いので当然ともいえますね。

その日本最古の竜巻は１１８０年に京都で発生したもので、その様子は鴨長明の『方丈記』の中に記されています。それによると、現在の二条城あたりから京都駅付近までの約3キロを大きな竜巻が通過し、家々の屋根板は木の葉のように宙を舞い、柱だけが取り残されたり、ペしゃんこになったりした家があるなど、街は壊滅的な被害を受けたということです。確かに昔の家屋は現代のもののように頑丈ではありませんが、建物を壊すほどの威力を持つ竜巻が長距離を移動したというのは大事件と言えます。この竜巻は藤原定家の日記『明月記』にも登場し、さらに平家物語にも絵図と共に残されています。当時、この竜巻がいかに人々を驚かせ、注目を集めたかが分かります。

竜巻はその後も気ままに現れては悪事を働き、その罪状はしっかりと書き残されてきました。竜巻は、源頼朝の祈願所として鎌倉に建立された補陀落寺《ふだらくじ》を幾度となく襲い、建物のみならず、寺のいわれを記した古文書をも吹き飛ばしてしまいました。そのため、この寺は「竜巻寺」とも呼ばれるようになったと言われています。

また竜巻は記録だけではなく、伝説も残しています。熊本県の阿蘇山には県の重要文化財である大きなムクの木がありますが、この木は竜巻を飲み込んだ御神木として知られています。この木には大きな穴が開いているのですが、1700年代後半に強力な竜巻が発生し、家々を破壊しながら進み、最後はこの木に衝突しました。その際に竜巻はこの大きな穴に吸収されたのだそうです。

図3.8　茂原市の竜巻被害の様子（1990年12月）ⓒ朝日新聞社

観測史上最大の被害を引き起こした竜巻

１９９０年12月11日の19時頃、千葉県茂原市でＦ３の竜巻が発生し、死者１人、負傷者73人、建物２４３棟が全半壊するという、大惨事となりました（**図３・８**）。この竜巻はスーパーセルが原因とみられ、その時の突風によって10トンのダンプカーが横転、マイクロバスが吹き飛ばされて回転して地上に落下、さらに１０００台以上の車が吹き飛ばされてきた破片によって損壊されたり、倒壊した樹木の下敷きになったりしたのです。ある病院では大量の飛散物が院内に吹き込み、多数の入院患者が負傷しました。この竜巻一つで日本全国の竜巻被害3年分に相当する、史上最大の被害を引き起こしました。

日本の竜巻街道

２００６年9月17日には、宮崎県延岡市で列車を脱線させるほどの強い竜巻が発生していま す。その列車の運転士によると、架線にトタン板が引っかかっているのを発見し、列車を緊急停止した直後、突然車両が浮き上がり横転したというのです。気象庁のデータベースではＦ２となっていますが、秒速70メートルを超える突風も確認されており、線路近くに停めてあった乗用車が吹き飛ばされ、民家を直撃しました。

驚くことに延岡市では、過去１００年間で、この竜巻のほかにも6個の竜巻が発生していま す。中でも１９１５年9月8日に発生した竜巻では21人が亡くなり、１９５０年7月19日には台風「グレイス」に伴って発生した竜巻では3人の死傷者が出ています。一市町村が竜巻に遭遇する確率は平均して90年に一度とも言われているので、延岡市はまさに日本の竜巻街道と言えるかもしれません。

被害が大きかった最近の竜巻

最近では２０１２年5月6日に起こった茨城県つくば市の竜巻が記憶に新しいでしょう（**図3・9**）。この時は竜巻の強風によって住宅がコンクリート製の土台ごとひっくり返り、家の

図3.9　つくば市の竜巻被害の様子（2012年5月）
（提供：森朗 氏）

中にいた中学生1人が亡くなりました。この住宅の柱や土台は基礎部分に非常にしっかりと固定されていたため、基礎ごと家が持ち上げられてしまったのです。

ところで、日本の竜巻一つあたりの被害家屋数は平均30棟で、死者数は0・5人と言われています。家々が密集しているために被害家屋は多いのですが、この死者数と被害家屋数は、大雨や地震といった他の災害に比べると低いものになっています。これは日本の竜巻がそれほど強力ではないことが関係しています。とは言え、局地的な破壊力は自然災害の中でも最大級だということを忘れてはいけません。

8 日本ではＦ４以上の竜巻は発生しない？

これまでに日本ではＦ４以上の竜巻は発生していません。しかし近年、局地的な豪雨が増えるなど、大気の不安定度が増しています。その結果、大きなスケールの竜巻も増えるかもしれません。

パレートの法則と竜巻

「パレートの法則」という言葉があります。全体の数値の大部分は全体を構成するうちの一部の要素が生み出しているという意味で、その比率はだいたい80対20と言われています。例えば、売り上げの8割は全顧客数の2割が生み出している、所得税の8割は課税対象者の2割が支払っているといったことです。

同じようなことが竜巻にも当てはまります。アメリカでは１９６１年から１９９０年に発生した竜巻の２％がＦ４～Ｆ５ですが、それらによる死者数は竜巻による全死者数の70％を占めています。日本でも２００４年から２０１３年に発生した竜巻の5％がＦ２かＦ３ですが、それらによる死者数は竜巻による全死者数の１００％に達し、多くの被害が一部の強い竜巻によって発生していると言えます。

竜巻のスケールと家屋設計の際の風速

日本の国土は山間部が多く、狭小な地形が大部分を占めるため、小型のスーパーセルや発達した積乱雲によって竜巻が発生しやすく、最も大きなスケールの竜巻でもせいぜいＦ３程度です。２００４年から２０１３年に観測された竜巻の割合は、Ｆ０が55％、Ｆ1が40％、Ｆ２が4％、Ｆ３が1％となっています。Ｆ３とされている竜巻は、１９９０年12月の千葉県茂原市、１９９９年9月24日の愛知県豊橋市、２００６年11月7日の北海道佐呂間町、２０１２年5月6日の茨城県つくば市で発生した四つで、すべて太平洋側で発生しています。

もし強い竜巻が自分の住んでいる地域を襲ってきたら、家屋が壊されてしまうのではないかと心配になりますが、多くの人にとってその心配は無用なようです。建築基準法では強い台風による強風を想定しており、東京都では秒速50～70メートルの風に耐えられるように設計されています。これはＦ２の竜巻の風速に相当します。また、台風銀座と呼ばれるほどの台風常襲地域である沖縄県では秒速70～90メートルの強風を想定しているので、Ｆ３までは耐えられるようです。

建築基準法では50年から500年以内に一度起こる確率の事象に対し、家屋が壊れないような設計を規定しています。逆に言うと、前述した強風以上の風速は想定していません。竜巻のように一家屋が竜巻に遭う確率がとても低い場合は、それに耐えられる造りにするのは非効率で非経済だからです。滅多に起こらない災害には、ソフト面での対策が重要になります。雨戸を閉めたり、早めに避難をするなどの方が有効な対策と言えるでしょう。

ところで、東京の家屋はF2の竜巻にも耐えられると述べましたが、家屋がまったく損傷を受けないということではありません。なぜなら、竜巻によって横方向の風に加えて上昇気流（下から上に向かう風）が起きることや、それによって生じる飛散物が家屋へ与える影響もあるからです。家屋は飛ばされなかったとしても、ガラス窓やひさしが折れてしまうことは十分あり得ます。

F4の竜巻は発生するか

図3・10はスケール別の竜巻の数を折れ線グラフで示したものです。竜巻の数を合わせるために、日本は過去50年間、アメリカは過去10年間の竜巻の数をプロットしています。日本ではF2の竜巻が1年に1回程度、F3は10年に1回程度の割合で発生していますが、F4以上の

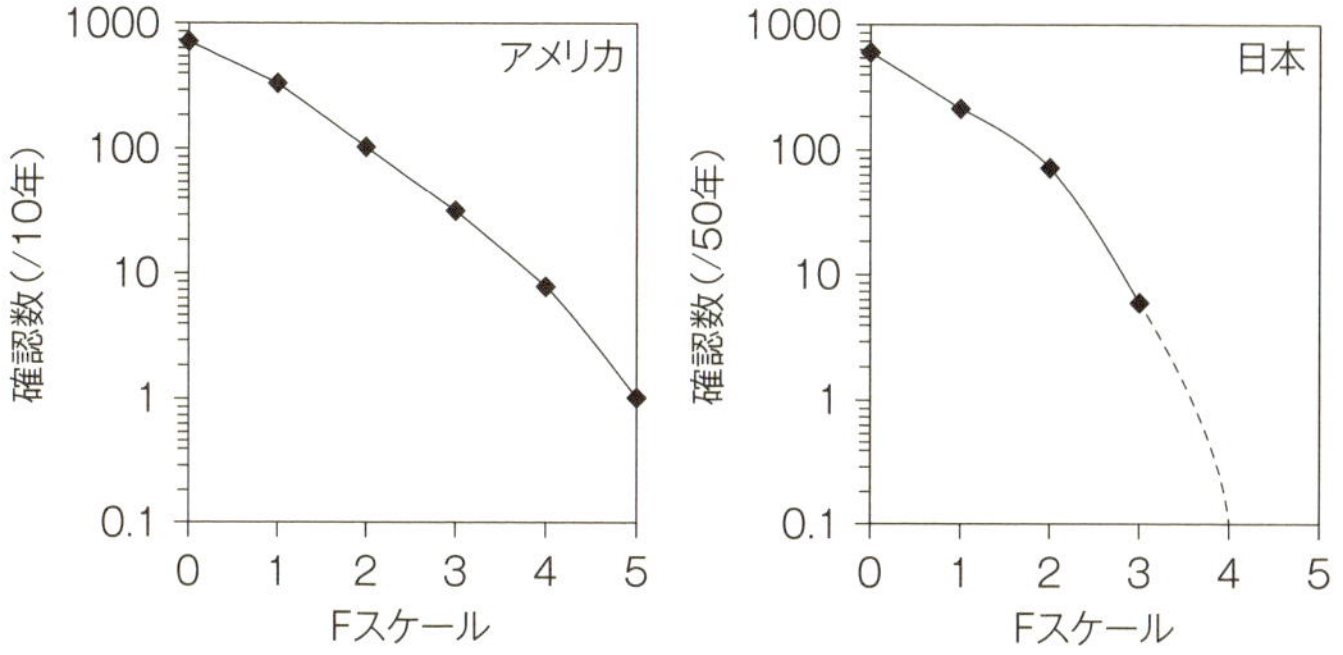

図3.10　Fスケールごとの竜巻確認数（左：アメリカ1990～1999年、右：日本1961～2010年、F0の確認数はF0未満、未確定および突風を含む）（出所：気象庁のデータに筆者が点線を加筆）

竜巻はまだ発生したことがありません。

しかし、グラフから予測すると、将来、日本でもＦ４以上の竜巻が発生する可能性はあります。温暖化などによって気候が変動することにより、これまでにはなかったスケールの竜巻が発生することがあり得るからです。

実際、１９９９年５月にアメリカ・オクラホマ州で観測された竜巻の風速は秒速１４２メートル以上に達し、発生することはないと言われていたＦ６に相当していました。しかし、この時の被害がＦ５の基準内だったため、Ｆ５と記録されています。これはＦスケールは風速ではなく被害の程度を基準にしているからです。Ｆ６の被害の基準とは、すべての物が吹き飛ばされて跡形もない状態のため、被害状況を確認できません。つまり、Ｆ６の竜巻は発生し得ないことになっています。

9 温暖化で竜巻は増える?

温暖化や気候変動によって、極端な気象現象の増加が指摘される昨今ですが、今のところ竜巻の発生数は増えていないようです。しかし、今後の傾向に関しては、統一的な見解がないのが現状です。

竜巻は増加しているか

ここ数年で竜巻が増えたと感じている人も多いようです。確かに、2011年11月18日には鹿児島県徳之島で、2012年5月6日には茨城県つくば市で、2013年9月2日には埼玉県越谷市で強い竜巻が発生し、竜巻が注目されるようになってきています。

では、竜巻は本当に増えているのでしょうか。**図3・11**は1961年から2013年までの日本の年間竜巻発生数です。これを見ると、2007年以降から大幅に増えていることが分かります。この2007年を境に何が起こっているのかというと、実は気象庁が突風調査を強化しているのです。したがって、過去と現在の発生数を単に比べるだけでは、発生頻度の本当の傾向をつかむことはできません。

　アメリカではどうでしょうか。**図3・12**は１９６１年から２０１０年までのアメリカの年間竜巻発生数です。アメリカでは１９９０年頃からレーダーの設置数が増えたことから、竜巻発生数が増えています。観測された竜巻の分類を調べてみると、ＥＦ０の激増が主で、ＥＦ４以上は横ばいか減少傾向にあります。強い竜巻の発生数に50年前と現在とで大きな差がないことを考えると、竜巻は増えていないとも言えそうです。

温暖化で竜巻は増えるか

「温暖化対策の高速列車に、国際社会のすべての人を乗せ、今すぐ出発させねばならない」これは２０１４年４月のＩＰＣＣ（気候変動に関する政府間パネル）総会においてパチャウリ議長が語った言葉です。ＩＰＣＣは、深刻な温暖化の影響を避けるためには、今世紀末までに温室効果ガスの排出量をほぼゼロにする必要があると指摘しています。このままのペースでCO_2などが排出され続けると、世界の平均気温は２０９９年までに産業革命前と比べて３・７～４・８℃も上昇するというのです。このＩＰＣＣ総会は、温暖化はもう止められないところまできているという実態を明らかにするものとなりました。

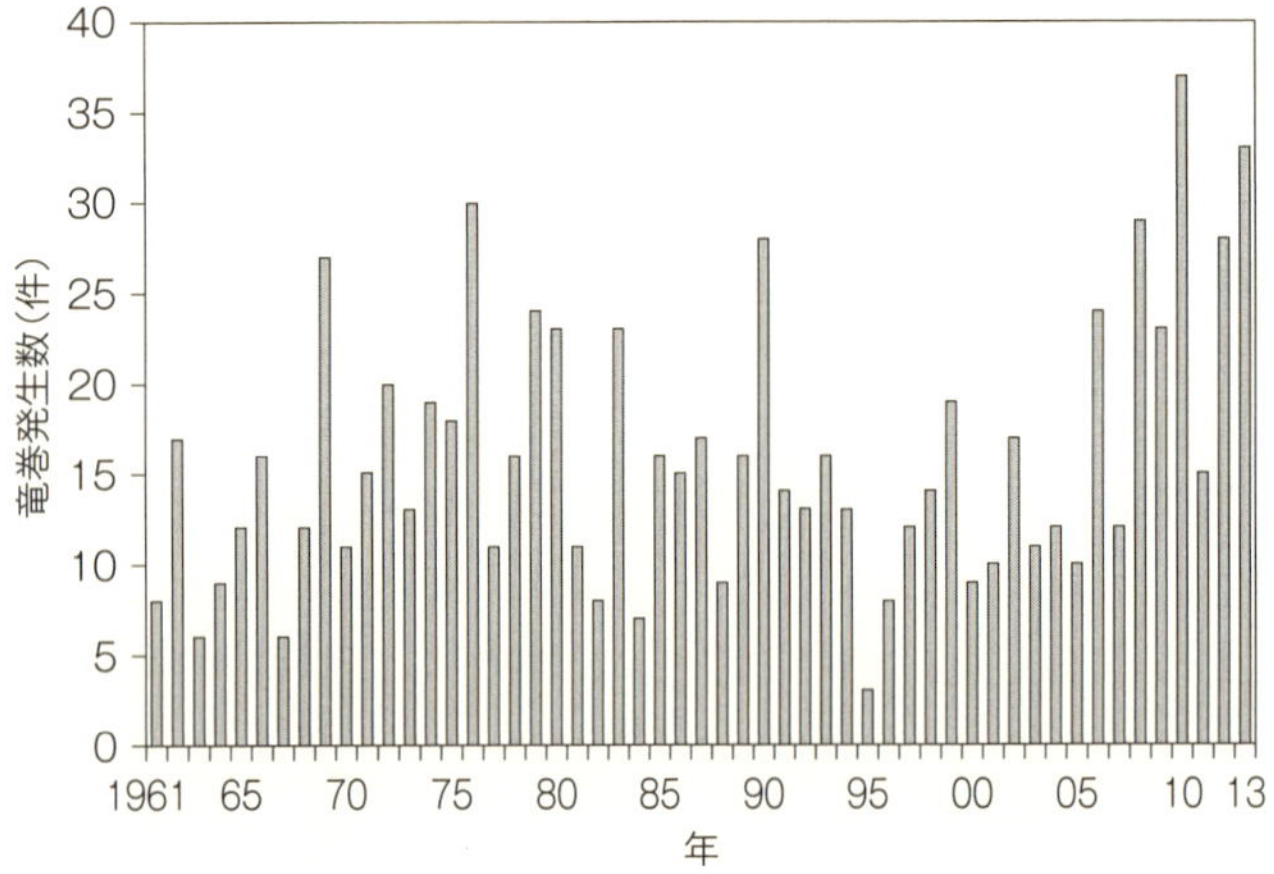

図3.11　日本の年間竜巻発生数（1961 ～ 2013年、水上竜巻は除く）
（出所：気象庁）

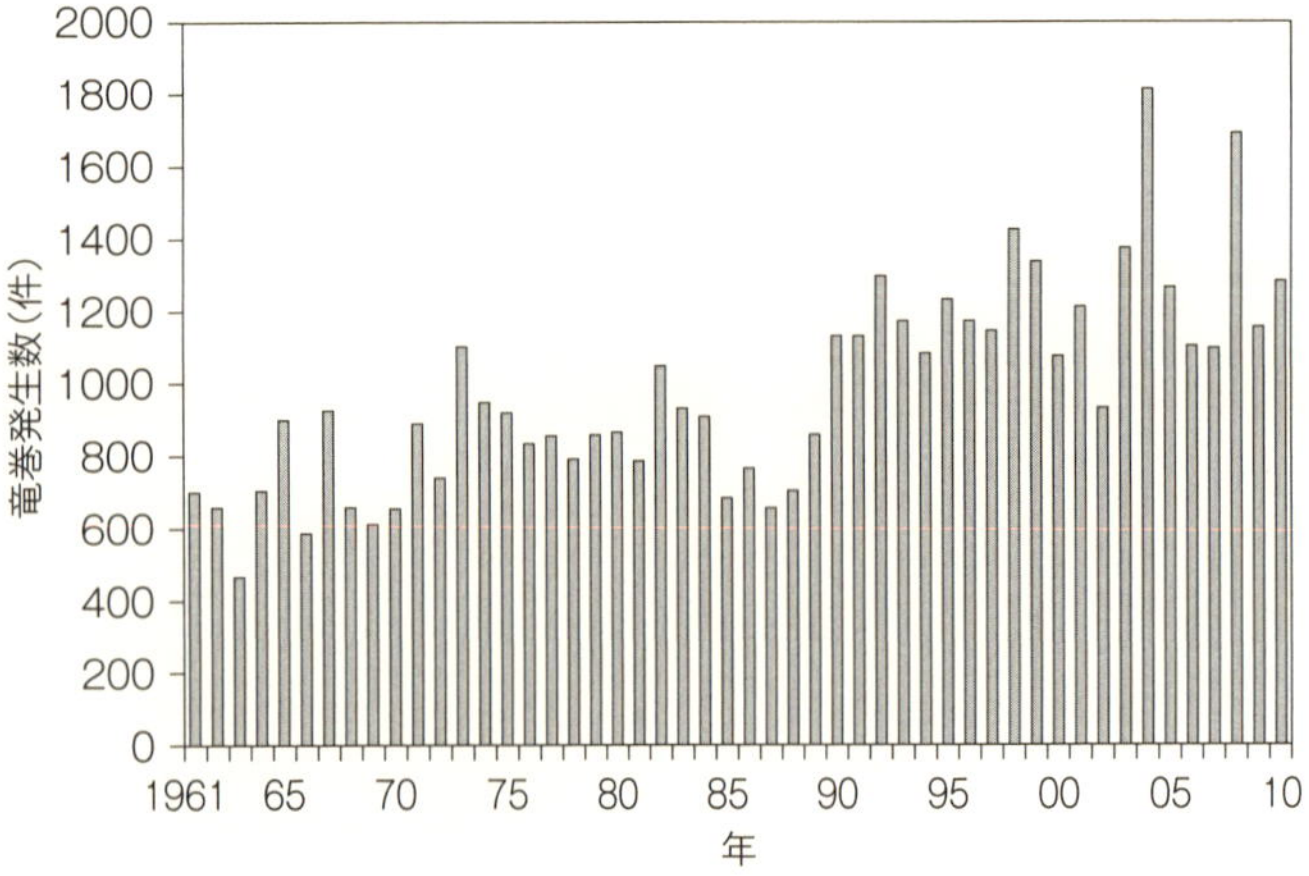

図3.12　アメリカの年間竜巻発生数（1961 ～ 2010年）
（出所：アメリカ海洋大気庁）

それでは、温暖化が進むと竜巻は増えるのでしょうか。アメリカ海洋大気庁のホームページには意外にもこう書かれてあります。"We don't know"。何とも味気ない回答ですが、その根拠は次のようにしっかりしたものです。

まず、温暖化が進行すると、竜巻の発生原因に関わる重要な二つの変化が起こります。一つは、気温上昇とそれに伴う空気中の水蒸気量の増加です。これによって大気の対流活動が盛んになり、嵐などが発生しやすくなります。

もう一つは、高緯度地方の気温が上昇して熱帯地域との気温差が小さくなることで、ジェット気流の速度が遅くなります。ジェット気流とは旅客機が飛行するくらいの高度（約1万メートル）を西から東へと流れる風のことで、一般的には、南北の気温差が大きいと風速が速まる性質があります。竜巻の親雲であるスーパーセルは、上空の風と下層の風の風速差が大きいほど発達するため、上空の風が弱まると風速差が小さくなって、親雲もできにくくなるのです。

このように、雲はできやすいがスーパーセルはできにくい、という相反する条件が重なるので、竜巻の増減の予測は難しいのです。余談ですが、ジェット気流を世界で初めて発見した人は大石和三郎《おおいしわさぶろう》（1874～1950年）という日本の気象学者です。

日本では竜巻が大幅に増える可能性

一方で、気象庁気象研究所は、アメリカ海洋大気庁とは違った見方をしており、「日本では竜巻が大幅に増える」可能性を指摘しています。スーパーコンピューターを用いて計算すると、2075年から2099年には、F2以上の巨大な竜巻の発生しやすい気象状況が、春は西日本や関東などで2～3倍に、夏も日本海側では倍増すると予測されるのです。また、今まで巨大な竜巻が発生していないような季節や場所、例えば春の北海道や東北でも竜巻が発生する可能性があることも予測しています。

こういった予測のほかにも、竜巻のような小さな気象現象には温暖化という地球規模の変化の影響は及びにくいとか、勢力の強い台風は増えるが台風の総数は減る、といった予測もあることから、台風に伴った竜巻は減るのではないかとの見方もあります。

温暖化と竜巻の関係には様々な原因が絡み合うため、正直なところ"We don't know"はもっともだとも言えます。このように、将来竜巻が増えるかどうかについては、統一的な見解がないのが現状です。

第4章

竜巻の被害と身の守り方

つくば市の竜巻被害の様子（2012年5月）
（提供：気象庁）

1 竜巻が原発に突っ込んだらどうなる？

アメリカでは2011年に竜巻が原子力発電所を襲い、原子炉が緊急停止するという事態が発生しました。日本では東日本大震災による福島での原発事故を教訓に、安全性を確保するための厳しい竜巻対策がとられています。

基準竜巻

2011年3月11日の東日本大震災によって、人々はどんなに低い確率（例えば1000年に一度）の自然現象でも、起こる時には起こるものということを認識させられました。竜巻は気象現象の中では規模の小さなものであり、それに遭遇する確率も非常に低いと計算されています。しかし、原子力発電所のような事故になると取り返しのつかない施設では、その確率がどんなに低くても、相応の備えをしておかなければなりません。

そこで原子力規制委員会は『原子力発電所の竜巻影響評価ガイド』を作成し、各電力会社もこれに則して、竜巻の影響評価を実施しています。この影響評価は、各電力会社によって多少の違いはありますが、まずはその地域で発生する可能性のある基準竜巻を設定し、その竜巻に原子力発電所の施設が耐えられるかどうかを検証します。この検証では、施設の直接の破壊だけではなく、自動車が吹き飛ばされてきたらどうなるか、遠くの竜巻から飛ばされてきたものが施設に影響を与えないか、といったことを検証しますが、基本的には、台風や突風を含んだ強風全般に関するマニュアルと言えます。

川内原発の場合

原子力発電所は具体的にはどのような竜巻対策を行っているのでしょうか。九州電力による『川内原子力発電所1号炉および2号炉竜巻影響評価について』では、基準竜巻の最大風速は秒速92メートルを想定しています。これはF3に相当し、このスケールの竜巻が発生したら日本最大級ということになります。このような竜巻が発生したとすると、川内原発の地形（東側に標高160～320メートルの山々がある）から、竜巻は海側にあたる南西方向から北東方向に向かうことも想定されています。

それではこの竜巻に対して、どのような対策がとられているのでしょうか。強風によって浮き上がる可能性のある設備には、竜巻防護ネットやワイヤーロープで固定するという対策がとられています。また原子炉建屋や主要建物については、飛来物の貫通評価がされていて、相応の強度が担保されているようです。したがってF3の竜巻は想定内といって良いでしょう。ただ問題は「F4の竜巻に襲われた場合はどうなるのか」ということです。F4だと1トン以上もある物体が降ってくることになります。このような事態はコンピューターシミュレーションによって、あらかじめ被害を想定しておくことが可能なようです。北海道大学の奈良林直教授によると、原子炉建屋の上部が損傷する可能性について、アメリカでは戦闘機を故意に衝突させる実験が行われているとのことです。日本でも万一の損傷に備え、原子炉建屋内の使用済み燃料プールに防護ネットを張るなどの対策がとられています。

アメリカでは竜巻によって外部電源を喪失

日本では竜巻が原子力発電所を襲う確率は低いと考えられていますが、竜巻の本場であるアメリカは違います。2011年4月16日、アメリカ東部で約30個の竜巻が発生、26人の死者が出ました。この時、バージニア州にあるサリー原子力発電所への電力供給が遮断され、原子炉2基が緊急停止しました。また、同年4月27日にはアメリカ南東部で約140個以上の竜巻が発生し、およそ320人の方が亡くなりました。この時はアラバマ州にある全米2番目の大きさのブラウンズフェリー原子力発電所が外部電源を喪失し、非常用のディーゼル発電で冷温停止するという事態になりましたが、この外部電源喪失は想定内の出来事とされています。

竜巻対策とコスト

災害への対策を考える際に難しいのは、得られる安全とコストとの兼ね合いです。竜巻のような遭遇確率の低い自然現象への対策は、コストをかけても無駄になる可能性が高い反面、仮に一度でもその現象に遭遇すると、取り返しのつかない大災害になってしまう危険性もあります。最近では、こういったテールリスク（確率は低いが発生すると非常に大きな損失をもたらすもの）やブラックスワン（事前の予測は困難だが、発生すると非常に大きな衝撃をもたらすもの）にどう対応するのかが課題となっています。日本では東日本大震災による福島での原発事故を教訓に、厳しい竜巻対策が実施されています。

2 竜巻がニワトリを丸裸にする？

動物は時として、自分の命を守るために思いもよらない反応をすることがあります。竜巻に遭ったニワトリは羽が抜けると言われますが、それは「恐怖」がもたらす本能によるものかもしれません。

ニワトリにまつわる不思議な話

「マイク、マイク、お前の頭はどこにある？　頭がなくても君は死なない」。これはアメリカに伝わる童謡です。何とも恐ろしい歌詞ですが、これが実話だとしたらどうでしょうか。アメリカ・コロラド州には首がないまま18か月も生きたニワトリがいました。名前はマイク。このニワトリは夕食用として飼い主に首をはねられたのですが、驚いたことに体はぴんぴん動き回っていたのです。斬られた場所が良かったのか出血が抑えられ、さらに脳の一部も残っていたため1年半も生存したと言われています。

アメリカは世界一の養鶏国だけあって、竜巻被害の現場には決まってニワトリに関する話が出てきます。Rogers Hill著『Hunting Natures' Fury』によると、吹き飛ばされた洋服ダンスの引き出しの中から生きたニワトリが見つかったことがあるそうです。タンスとニワトリが強風で吹き飛ばされ、偶然開いた引き出しの中にニワトリが入り、引き出しが閉じたのではないかということです。

ほかにもニワトリと竜巻にまつわる不思議な話があります。それは、竜巻が通った跡地には羽をむしられて丸裸になったニワトリの死体が数多く見つかるというものです。なかには丸裸のまま生きているニワトリもいるようです。なぜニワトリは丸裸になったのでしょうか？

ニワトリが丸裸になる原因

この現象を説明しようと、昔から様々な仮説が考えられてきました。単に強風によって羽が抜けただけなのではないかとか、竜巻内の低い気圧によって毛穴が緩み、さらに強風によって羽が吹き飛ばされたのではないかなど。そして羽が抜ける風速を解明するために、奇怪な実験を行った人までいたのです。

19世紀中頃、天文学者のイライアス・ルーミスはニワトリを大砲に詰め、火薬によって撃ち飛ばしました。結果はご察しのとおり、ニワトリはバラバラになって死んでしまっただけでした。これを見てルーミス氏は「この風速では速すぎてしまったみたいなので、おそらく秒速50メートルほどに風速を落とせば羽は抜けるであろう」と結論付けました。人間とニワトリの関係ははるか昔から続きますが、これまでニワトリがどれほど人間に虐げられてきたのかと思うと心が痛みます。

現在では、ニワトリが丸裸になる原因は自己防衛反応によるものと説明されています。1975年にニューヨーク州立大学の気象学者、バーナード・ヴォネガット博士が「フライト・モルト（飛翔中の羽落とし）」理論を提唱しました。この理論によると、鳥は外敵に食べられそうになった時、瞬時に羽が抜けることで外敵の口を羽だらけにして、その間に逃げることがあるということです。これは恐怖に直面した時に鳥の毛穴が緩むためで、ニワトリの場合も、竜巻に飛ばされることによるストレスへの防御反応によって毛穴が緩み、同時に強風によって羽が吹き飛ばされるのではないかというのです。ただし、畜産試験場のニワトリの専門家によると、「ニワトリの羽が突然のストレスによって抜けやすくなるという話は聞いたことがない」ということです。

ところで、このフライト・モルト理論を提唱したヴォネガット博士は、ニワトリを大砲で飛ばした無茶な実験を検証した論文で「人を笑わせ考えさせてくれる研究」に与えられるイグノーベル賞を受賞したとか…。

3 竜巻が魚の雨を降らせる？

竜巻の後遺症と言っても良いのでしょうか。竜巻は様々な物を巻き上げて、それを思わぬ所まで運んだりします。竜巻が発生したことを知らない昔の人々は、不思議な現象と考えていたようです。

日本の竜神信仰

日本では昔から、竜を水の神様として崇めてきました。なぜかというと、竜は尺水《せきすい》という力の源となる水を頭の上にためて飛ぶため、竜は水を招きよせるものと言い伝えられているからです。竜神をまつる神社が全国で多く存在するのは、農耕生活を営んできた我々日本人にとって水は欠かせないものだったからでしょう。

竜神は水をつかさどる神であるためか、雨を降らせる「雲」という漢字もまた、竜に語源を発しています。雨かんむりの下部「云」という字の「二」は雲が流れていく様子を、そして「ム」

は雲に頭を隠した竜がしっぽだけ出している様子を表したものと言われています。

そしてこの空の竜神は竜巻という姿を借りると、雨だけではなく、奇妙なものをも降らせることがあります。こういった「その場にないはずのものが降ってくる」現象のことを「怪雨《かいう》」、英語ではファフロツキーズ（Fafrotskies：Falls FROm The SKIESの略）と呼びます。

竜巻はこんなものを降らせた

・**イワシ・クラゲ・ザリガニ**：「魚の雨が降った」というのはよくある話で、オーストラリアではイワシが（1989年）、イギリスではクラゲが（1894年）、さらにアメリカ・フロリダ州ではザリガニが（1954年）降ったと記録されています。

・**ゴルフボール**：アメリカ・フロリダ州ではゴルフボールの雨が降ったことがあります（1969年）。これは竜巻が近くのゴルフ場のボールを巻き上げて落としたためではないかと言われています。

・**リクガメ**：アメリカ・ミシシッピ州では、氷に包まれた体長20センチのリクガメが降ってきました。（1894年）。カメは軽いために、竜巻でスーパーセル内部まで巻き上げられて雹《ひょう》と化したのではないかと思われます。

・**カエル**：「カエルの雨が降った」という話も多く聞きます。アメリカ・ミズーリ州では地面一面をカエルが埋めつくし（1873年）、ギリシャでも同様に、緑色のカエルが降ったという記録があります（1981年）。

・**ウェディングドレス**：アメリカ・ケンタッキー州では、想像もつかないようなものを拾った人がいます。牧畜業を営むトラップさんは竜巻が発生した数日後、自宅の庭にウェディングドレスが落ちているのを発見しました（2012年）。さらに驚いたことに、そのドレスは少し汚れているものの、損傷も少なく、しかもハンガーにかかったままだったそうです。トラップさんは持ち主を捜しましたが、残念ながら発見には至っていないようです。

日本ではオタマジャクシが降った

2009年6月、石川県七尾市を皮切りに岩手、長野、埼玉、愛知、大分などで、「空からオタマジャクシが降ってきた」という報告が続出しました（**図4・1**）。ところが、それが竜巻の仕業かというとそうでもなさそうで、強風や竜巻が発生したという報告は1件もなかった

空からオタマジャクシ

鳥？突風？石川で相次ぐ

体長3㌢フナも

空からオタマジャクシや小魚が降ってくる珍現象が石川県内で相次いでいる。「鳥が吐き出した」「突風が巻き上げた」など諸説あるが、謎のまま。県民は「次は何が……」と梅雨空を見上げている。

七尾市中島市民センター駐車場で4日夕、男性が「ボタッボタッ」という音に振り返ると、車の上や地面にオタマジャクシが散らばっていた。駆けつけたセンター職員　さん(36)によると、約200平方㍍の範囲に体長2〜3㌢のオタマジャクシが約100匹。雨模様だったが、「まさかオタマジャクシが降ってくるとは」と首をかしげる。

七尾市内では8日朝、約4㌔離れた市議　さん(62)方でも、オタマジャクシ6匹が車や周辺の地面に落ちているのが見つかった。

七尾市から南西に約70㌔離れた白山市徳丸町の駐車場でも、6日朝、車のフロントガラスなどに20〜30匹のオタマジャクシの死骸があった。原形をとどめていないものもあったという。

また、小魚の死骸が見つかったのは、中能登町の　さん(78)方。9日午後6時頃、軽トラックの荷台や地面に約3㌢のフナとみられる小魚13匹が落ちていた。

金沢地方気象台によると、オタマジャクシや小魚が降ってきた日に竜巻が発生したという情報はない。

日本鳥類保護連盟の・石川県支部長は「サギやウミネコなどが、口や食道にオタマジャクシを含んで飛行中、何かに驚いて吐き出したのではないか」と話す。いずれの現場も、周辺にオタマジャクシが泳ぐ水田があり、繁殖期を迎えたアオサギなど水鳥の親鳥が、ひなに餌を運んでいた可能性があるという。

雷や竜巻を研究している金沢工業大の　教授は、「気象台も観測できない小規模な突風が局地的に発生し、水と一緒にオタマジャクシを巻き上げた可能性もある」と指摘する。

㊤空から降ってきたというオタマジャクシ（七尾市中島市民センター提供、4日撮影）㊦軽トラックの荷台に落ちていた小魚（10日、中能登町の　さん方で）

図4.1　空から降ってきたオタマジャクシの記事
（読売新聞2009年6月11日付）

のです。それではオタマジャクシは何が降らせたのでしょうか？

現在では鳥が餌であるオタマジャクシを食べながら飛んでいる時に吐き戻してしまったという説が有力ですが、それが原因と断定されたわけではありません。ほかにも「ユスリカの卵が降ってきた」といった話もありますが、真相は分からないことの方が多いようです。

4 竜巻の中に入るとどうなる？

自分の身が安全なら、竜巻の中に入ってみたいと思う人もいるでしょう。では実際に竜巻の中に入ったとすると…。マンガのように空高くまで、ぐるぐると舞い上げられるようなことにはならないのです。

竜巻で人は舞い上げられるか

パラグライダーで雲に突っ込み、上昇気流で天高く舞い上げられたにもかかわらず、生きて帰ってきた人がいます。ドイツ人女性エワはパラグライダーの一流選手。2007年2月、オーストラリアで飛行中に発達した積乱雲に遭遇し、強い上昇気流によって上空約1万メートルまで舞い上げられてしまったのです。彼女はテニスボール大の雹《ひょう》やマイナス50℃の低温に耐え、低体温症や凍傷にかかりながらも奇跡的に生還を果たしたのでした。

しかし、竜巻の場合はこれほど上空まで舞い上げられることはありません。竜巻に舞い上げられたところで、せいぜい数十メートルです。なぜなら、竜巻の風は水平方向にも吹いているので、渦の中に吸い込まれても、多くの場合、中心に到達する前に高速回転による遠心力で外に吹き飛ばされてしまうからです。

それでは、どれくらい遠くまで吹き飛ばされるのでしょうか。1930年5月、アメリカ・カンザス州で竜巻に吹き飛ばされた男性は約1・6キロ離れた場所で救助隊に発見され、その直後に残念ながら息を引き取ったそうです。一方、紙切れなどの軽いものが約320キロも吹き飛ばされたという世界最長記録もありますが、これは「飛ぶ」というより「浮かんでいた」と言った方が良いでしょう。

本当にあった、竜巻から生還した人や動物の話

「事実は小説より奇なり」と言いますが、小説の中の出来事のように、竜巻による暴風で吹き飛ばされたにもかかわらず、奇跡的に命を取り留めた人や動物がいます。

・奇跡の少年

2011年4月、アメリカ・オクラホマ州で、EF3の竜巻が民家を直撃しました。ベッドで寝ていた8歳の少年が、両親の目の前で家の外に吹き飛ばされてしまったのです。両親もまた重傷を負って倒れていたところに、向こうから人影が近づいてきました。それはなんと、先

ほど空に飛ばされた息子でした。しかも彼は軽い切り傷を負っただけで、ほとんど無傷だったそうです。

・奇跡の赤ちゃん

1999年5月、同じく、オクラホマ州にF5の竜巻が襲来した時、生後10か月の赤ちゃんが母親の腕からすり抜けて巻き上げられてしまったのです。誰もが最悪の結末を想像していたでしょう。しかし、信じられないことに、赤ちゃんは30メートル離れた泥沼で生きて発見され、無事に母親のもとに返されたのでした。以来、この赤ちゃんは「泥まみれの赤ちゃん」と呼ばれ、幸運の代名詞になりました。

また2012年3月、インディアナ州でも、生後15か月の赤ちゃんが同じように竜巻に巻き上げられ、自宅から遠く離れたトウモロコシ畑で見つかったことがあります。

こうした奇跡の赤ちゃんの話が聞かれるのは、その体に秘密があるとも言われます。赤ちゃんの体は柔軟で脂肪に包まれていて、そして小さく軽いので、地上にたたき落とされるのではなく、軟着陸できることがまれにあるというのです。

・奇跡の犬

2011年11月18日、鹿児島県徳之島にF2の竜巻が起こった時のことです。強風が民家を襲い、家屋が倒壊して3人が亡くなりました。その家で飼っていた3匹のラブラドールレトリバーのうち2匹はすぐに発見されたのですが、残りの一匹は見つかりませんでした。しかし翌日、がれき撤去中の消防団員が軽自動車の下にうずくまっていた一匹の犬を発見したのです。この犬はまるで飼い主を待つかのようにずっと「伏せ」の状態で動かずにいたそうです。一緒に駐車されていた他の車は竜巻で吹き飛ばされたのですが、犬が逃げ込んだ車は飛ばされなかったという奇跡のような話です。

また竜巻に吹き飛ばされて瀕死の怪我を負いながらも家族に会いに戻ってきた犬もいます。2011年4月、アメリカ・アラバマ州を竜巻が通過した際、飼い主と離れてガレージにいた小型犬メイソンは、竜巻に巻き上げられてしまいました。

飼い主はメイソンを必死に探し続けましたが、発見できずにいたところ、3週間後に奇跡が起こりました。壊れた自宅に家族が戻ってみると、なんとそこにはメイソンがいたのです。メイソンは前足2本の骨が完全に折れ、以前の半分くらいにやせ細り、生きていることが不思議な状態でした。おそらく吹き飛ばされた場所から必死に這って自宅に帰ってきたのでしょう。メイソンは手術の後、元気に走り回れるようになりました。

メイソンの写真はフェイスブックで見られます。"Mason The Tornado Dog"（竜巻犬メイソンの意味）で検索してみてください。

5 災害時に人はどう行動する？

災害が発生して一刻を争う状況でも、人は油断して逃げ遅れてしまうことがあります。それは人間特有の「正常性バイアス」と呼ばれる心理が働くからです。この正常性バイアスを抑えて、すぐに避難することが生存へのカギとなります。

地下鉄の乗客はなぜ逃げなかったたか

2003年2月、韓国・テグ市で史上類をみない地下鉄火災が起こりました。男が地下鉄の車内にガソリンをまき放火したため、炎は瞬く間にホーム全体に広がり、192人が死亡、148人が負傷する大惨事となりました。この時撮影された、火災が広がる直前の地下鉄車内の写真には、煙が立ち込めているにもかかわらず、座席についたまま本を読んだり、携帯をいじっている乗客の姿が写っていたのです。彼らはなぜ避難しなかったのでしょうか。

心理学的には、人は危険な状態でもまれにしかパニックにならないと考えられています。この理由は、危険な状態や異常が迫っている時、恐怖心やストレスといった心理的な負担を軽くしようと、目の前の事態が異常であることを認識しないようにしたり、自分には被害が及ばないと考える傾向があるからです。これを「正常性バイアス」と呼びます。

この地下鉄火災でも、乗客は煙に気が付いていたにもかかわらず、大したことはないだろうと油断し、すぐに避難行動に移ることができなかったのです。このように正常性バイアスは、パニック状態を回避し、ストレス下から一時的に解放させてくれはするものの、時に致命的な事態を招くことがあるのです。

正常性バイアスと警報の空振り

災害時に助かるか否かは、正常性バイアスをできるだけ抑え込んで、避難を適切かつ迅速に行えるかどうかにかかっています。しかし、災害を回避するための警報に、正常性バイアスを促進する働きがあるようなのです。

2013年10月、伊豆大島で国内ワースト記録となる、6時間で550ミリもの豪雨となり、未曾有の土砂災害が発生、40人が犠牲になりました（**図4・2**）。不幸にも町長の不在時の出来事であったため、行政による住民への避難勧告が遅れたことも被害が拡大した要因の一つとなりました。

土石流「警告」を軽視

町長「警戒情報知らなかった」

伊豆大島 死者25人に

台風26号による記録的な豪雨で土石流に襲われた伊豆大島（東京都大島町）で、町長と副町長が不在の間、島内各所で被害が出る中で町職員らの対応が後手に回っていたことが、町作成の資料で分かった。豪雨を予測する気象庁からの情報が十分に生かされなかった。惨事は防げなかったのか。〈身元が確認された方39面、関連記事38面〉

◀捜索現場近くで、土砂から出てきた写真などを眺める家族（18日、大島町で）

土砂災害警戒情報　大雨で2時間以内に土砂災害が起こる恐れがある地域を気象庁と都道府県が発表する制度。この情報に基づいて、自治体が避難勧告を出す法的義務はない。

台風26号による土石流を巡る大島町の対応

15日	午前10時10分	町長が島根県隠岐の島町に出張
	午後 1時 5分	外出を控えるよう町が防災無線で注意喚起
	9分	港の岸壁に近づかないよう町が防災無線で注意喚起
	4時 7分	総務課長が町長に「16日午前2時に第1次非常配備態勢をとる」と電話連絡
	5時 5分	高波に警戒するよう町が防災無線で注意喚起
	38分	町に大雨洪水警報
	6時 5分	町に土砂災害警戒情報
16日	午前 0時半	神津島村が避難勧告を発令
	1時半	防災係長が登庁
	45分	都から24時間降水量が400ミリに達するとの情報
	2時	第1次非常配備態勢に入り、町役場など9か所に人員を配置
	25分	伊豆大島北部でがけ崩れの情報
	32分	気象庁が「1時間で101ミリの降水量」との記録的短時間大雨情報を発表
	43分	神達地区で町職員の自宅が全半壊の情報
	57分	第2次非常配備態勢をとると各職員へ連絡
	3時 5分	「ホテル椿園」1階が土砂で埋まり、宿泊客が2階に避難
	15分	総務課長が町長に「予想以上のことが起こっている」と報告
	20分	大金沢が氾濫
	25分	大島町役場が停電
	26分	大金沢氾濫を受け、警視庁大島署が町に注意勧告（署側の説明では避難勧告）の放送を要請
	35分	防災無線で大金沢氾濫を知らせる
	55分	気象庁から「24時間降水量が約700ミリに達した」との報告
	4時15分	行方不明者が出たと一報
	57分	総務課長が町長に自衛隊派遣要請などを電話で相談
	5時34分	役場に「住宅が流され、なくなっている。（元町の）集落付近が更地になっている」と連絡
	8時半	3人の遺体発見。これ以降、遺体が次々と見つかる
	午後 4時50分	町長が自衛隊機で帰島
	7時	町長が役場で記者会見

※大島町資料などに基づき作成

図4.2　伊豆大島で起こった土砂災害の記事
（読売新聞2013年10月19日付）

その背景には警報の空振りの多さもありました。当時、気象庁からは土砂災害警戒情報が発表されていましたが、この警報の過去4年間での的中率はたったの3・5%にとどまっていたため、行政は避難勧告を出すことを躊躇したというのです。

このように予報や警報が発表されても、それ以前の予報に空振りが多いと、人々に「今回も大丈夫だろう」という油断を生じさせてしまい、逆効果になってしまうことがあるのです。

竜巻注意情報と避難

同じように、竜巻発生の危険がある際に出される竜巻注意情報も、その的中率が5%（2008~2013年）と非常に低いという問題があります。しかし精度が高ければ良いかというと、そうでもないようです。

アメリカの竜巻予測の的中率は20~50%と、日本よりもかなり高いものとなっていますが、それでも軽視されることが多いと言われています。2011年5月にミズーリ州でEF5の竜巻がくるという予報が出された際は、街中に警報サイレンが響き渡っていたにもかかわらず、大多数の人はすぐに避難しませんでした。その結果、158人もの死者を出す大惨事となってしまいました。

たとえ予報の的中率が低くても、自然災害は起こる時には起こってしまいます。つまり、不測の事態に備えて、自分が避難行動を起こせるかどうかが生死を分けるカギとなってくるのです。竜巻注意情報が発表されたり、次節のような竜巻発生の前兆が見られたら、7節を参考に適切に避難してください。そして、もし竜巻が発生しなかったとしても、予報がまた外れたと思うのではなく、被害が起こらなくて良かったと思うことが大切です。

6 竜巻発生の前兆ってどんなもの？

自然現象は突然起こったように見えても、何らかの前兆が現れていたりするものです。空が急に暗くなる、雹《ひょう》が降る、轟音が聞こえる、物が巻き上げられて回転する、といった現象が起こっていたら、竜巻が発生する恐れがあります。

前兆を知る意味

映画『ジュラシックパーク』のワンシーン。止まっている車の中で、コップの水が突然揺れだし、主人公が恐る恐る後ろを振り返ると、恐竜がすぐそばまで迫っていた…。コップを映すだけという地味なカメラワークにもかかわらず、観客は何が始まるのだろうかと息をのみ、恐怖心を煽られました。

映画では、このような事件が起こる前兆は観客の恐怖心を煽るものですが、現実の世界では早期の避難行動を起こさせる重要なきっかけとなります。例えば、雪山登山者は雪がきゅっと引き締まるような音や、雪面に入っている亀裂から雪崩の危険性をすぐに察知し、安全な場所に避難します。

同じように、竜巻が発生する際には「突然、空が真っ暗になった」「大きな雹《ひょう》が降ってきた」といった目撃情報がよく聞かれます。竜巻予測の精度が高いとは言えない現状では、「自分の命は自分で守る」という考え方から、目の前に起こる竜巻発生の前兆を自分たちで発見して、防災につなげることが大切でしょう。

竜巻発生の前兆

竜巻が発生する際の具体的な前兆を見てみましょう（**図4・3**）。

・前兆① 空が急に暗くなる

竜巻の親雲が近づいてきている可能性があります。雷を伴って雨が激しく降り出したり、突風が吹いたりすることもあります。また発達したスーパーセルが夕暮れ時に発生している場合、空が緑色に見えることがあります。この理由として、夕焼けの赤い光が背の高い厚い雲に反射して緑に見えるという説がありますが、まだ完全には解明されていません。

いずれにしろ、空の色の変化は重要なシグナルと言えるでしょう。

・前兆② 雹が降る

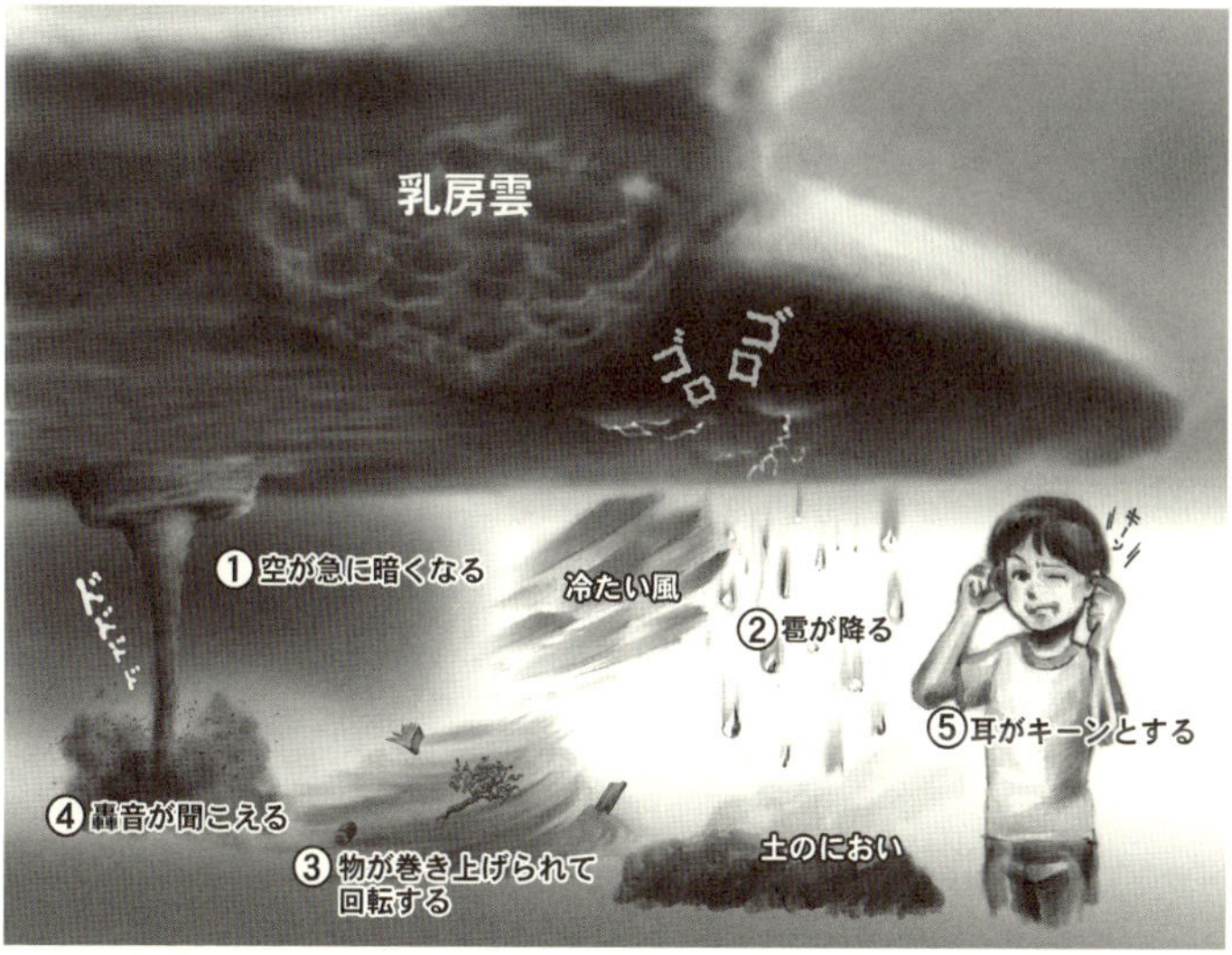

図4.3　竜巻発生の前兆

突然パラパラと小石大の雹が降ることがあります。特に空の低い所に、垂れ下がるようなこぶ状の雲（乳房雲《にゅうぼううん》）がある時は注意が必要です。雹の落下速度は、直径1センチでは時速30キロ、直径5センチでは時速120キロにもなるため非常に危険であり、海外では多くの人命を奪っています。

　1917年6月29日に埼玉県熊谷市で降った雹は直径約30センチ、重さ3・4キロの巨大なものでした。この雹は複数の雹がくっついて大きくなったもので、非公式ながら世界一の大きさと言われています。

・前兆③　物が巻き上げられて回転する

　空から垂れ下がる漏斗雲《ろうとうん》の下で（もしくは漏斗雲は見えなくとも）、木の葉や土ぼこりが筒状に回りながら上に向かって巻き上げられる現象が見られることもあります。これは明らかに竜巻の初期段階で、その後竜巻が発生する確率は高いでしょう。

・前兆④　轟音が聞こえる

竜巻は車の速さくらい（時速40～50キロ）の速度で移動しながら、その道中で様々なものを破壊して吹き飛ばします。そのため、かなりの轟音を立てながら駆け抜けていきます。この轟音は目撃者の証言によると、走行中の貨物列車の走行音、滝つぼに水が流れ込む音、１００万匹のハチがブンブン飛んでいる音などと例えられています。

・前兆⑤　耳がキーンとする

竜巻の内部はその周囲よりも、数十ヘクトパスカルも気圧が低いので、接近時に急に耳鳴りを感じることもあります。エレベーターや列車がトンネルに入った時に耳がキーンとすることがありますが、それに近い感じでしょう。ほかにも、急な気圧の変化に伴ってトイレの水が逆流する、といったこともあるようです。

竜巻が、大雨時や夜間、建物に囲まれて広く空が見渡せない場所で発生している場合、それを発見できないこともあります。前述したような竜巻の前兆を知っておくと良いでしょう。

7 竜巻が近づいてきたらどうする?

竜巻による負傷の主な原因は、飛来物や割れたガラスによるものなので、屋内にいる時は窓際から離れるのが賢明です。また屋外にいる時は頑丈な建物の中に避難しましょう。適切な避難行動が生死を左右するのです。

適切な避難が生死を左右する

2013年7月8日、東京都北区の荒川付近で釣りをしていた男性4人が落雷に遭い、1人が死亡、2人が重傷を負う痛ましい事故が起こりました。実はその中に1人だけ、軽傷で済んだ男性がいました。なぜ彼だけが大きなダメージを受けなかったのでしょうか。

この男性は、高い木から3メートル以上離れた所で身を伏せて嵐が過ぎるのを待っていました。それに対して、ほかの3人は大雨を避けるために木の直下で雨宿りをしており、不幸にもその木に雷が落ちたため感電してしまったのです。

このように同じ状況下にいても、適切な避難行動を取れるか取れないかによって、生死が左右されてしまうことがあります。これは竜巻からの避難の場合でも同様です。竜巻のように、日本では発生件数が少ない災害に関しては、適切な避難行動があまり知られていないという問題があります。

竜巻が近づいてきた際に「何をしたら良いか分からず立ち尽くしてしまった」「窓ガラスを手で押さえて負傷した」など、危険な行動をとってしまう人もいるのです。以降では、適切な避難行動とはどういったものかを見ていきましょう。

図4.4　窓ガラスに注意！

屋内にいる時に竜巻が近づいてきたら（図4・4）

竜巻による負傷の主な原因は、飛来物や割れたガラスによるものです。これらのリスクを減らすために、屋内にいる時は「窓を閉じる」「カーテンを引く」「雨戸やシャッターを閉める」、そして「窓のない部屋に避難」することが重要です。

また、家屋の2階部分は吹き飛ばされる恐れがあるので、1階で壁に囲まれた部屋や、比較的頑丈な造りである「トイレ、クローゼット、階段下などに逃げる」のが賢明です。「小さく身を丸めて、腕で頭を抱える」ようにして、頭部を防護しましょう。この時、「布団などで頭をおおう」とさらに良いです。「お風呂場の浴槽に逃げ込んで、その上に蓋をする」のも安全と言えます。いずれにしろ、日本の家屋は竜巻を想定して作られているわけではないので、「我が家の頑丈な場所」を知っておくと良いでしょう。

屋外にいる時に竜巻が近づいてきたら（図4・5）

屋外にいる時に竜巻が近づいてきたらどうすれば良いでしょうか。屋内にいる時よりもかなり危険な状況と言えます。まずは「鉄筋コンクリートなどの頑丈な建物の中に入る」ことです。間違っても「風に弱い物置やプレハブ小屋には避難しない」ようにしてください。プレハブ小屋は飛来物によってさらに危険になります。２００６年11月７日の佐呂間町の竜巻では、亡くなった９人全員はプレハブ小屋の中で竜巻に遭遇してしまったのです。

また竜巻が相当遠くにいない限り、車で避難することはかえって危険となります。竜巻が発生する時は同時に大雨の危険もあり、また渋滞などに巻き込まれると逃げ場を失ってしまいます。竜巻が車を横転させたり、吹き飛ばしたりすることは珍しくありません。まずは「車から降りて、すぐに安全な場所に避難する」ことが重要ですが、もし周りに逃げ込める頑丈な建物などがなければ、「水路などのくぼんだ所で、頭や首などを守りながら身を伏せる」ようにし

図4.5　竜巻からの避難場所・危険な箇所

ましょう。

アメリカでは以前「竜巻の際は橋や高架下に避難すると良い」という間違った安全神話がありましたが、現在では「高架下は風が収束し、かえって風が強まるため危険」ということが明らかになっています。それに加えて、周りを遮るものがないため、飛来したがれきなどに直撃される恐れもあります。

過去にアメリカで竜巻が発生した際に「窓のない部屋でぐっすり寝ていたら怪我一つ負わなかった」という人がいました。寝ている間に適切な避難行動を取っていたのですね。

8 竜巻の避難訓練ってどんなもの？

竜巻対策というと、建物を頑丈にしたり避難のための地下室を作ったりするなどのハード面の強化に目がいきがちです。しかし、それよりも大事なのは、竜巻からの身の守り方を身に付け、日頃から竜巻の避難訓練をしておくことです。

避難訓練の意義

東日本大震災の後、世界中で「カマイシ・ミラクル」という言葉が話題になりました。岩手県釜石市の小中学校の生徒約３０００人が津波の襲来前に避難して、ほぼ全員が助かったという「釜石の奇跡」のことです。生徒たちは「津波がきたら各自でバラバラに逃げろ、自分の命は自分で守れ」という教えを守り、揺れが収まるとすぐに高台に向かって逃げたのです。過去の津波の教訓をもとに、日頃から避難訓練を重ねてきた小中学校の児童・生徒の行動や判断は、驚異の生存率につながり、世界に驚きと感動を与えました。このように防災の知識や心構えを身に付けておくことが、災害時には重要な意味を持ちます。

アメリカでの竜巻の避難訓練

日本では地震・津波・火災の避難訓練が一般的ですが、アメリカの竜巻多発地域では竜巻の避難訓練が実施されています。毎年、竜巻シーズンが始まる前の春先に、州をあげて一斉に竜巻の避難訓練が行われています。アメリカにおける竜巻の避難訓練は次のようなものです。

まず訓練のための竜巻警報が発表されると、それに伴って街中にサイレンが鳴り響きます。生徒は教師に引率されて地下室に避難します。地下室がない学校では、建物の地上階の中央部の廊下や洗面所に避難します。講堂や体育館など、柱が少なく広い空間の建物は、倒壊の恐れがあるため、避難場所にはなりません。そして壁側に向かって体を丸め、腕で頭を抱え込んで防御の姿勢を取ります。これは竜巻による死因の最大の原因が頭部の損傷であるためです。

竜巻から避難する際は迅速な対応が必要です。竜巻警報のサイレンが鳴ったからといって、必ず竜巻が発生するわけではありません。しかし、警報から1分もしないうちに竜巻が襲ってくることもあるため、一刻の猶予もないのです。

日本国内でも増えてきた竜巻の避難訓練

これまで竜巻による被害の少なかった日本ですが、ここ数年の被害増加に伴って、北関東などの小学校では竜巻の避難訓練が行われるようになってきました。栃木県益子町の小学校で行われた避難訓練の様子（**図4・6**）は次のようなものです。合図とともに教員が窓ガラスを締め、カーテンを引きます。児童は机を教室の廊下側の隅に寄せてシェルターを作り、その下で身を伏せます。ここまで1分もかからないそうです。さらに防災頭巾をかぶったり、背負ったランドセルのふたを開いて頭にかけたりして、飛来物から頭を守ります。

図4.6　益子町立益子西小学校の竜巻避難訓練の様子
（提供：栃木県教育委員会）

日本の小中学校の多くは鉄筋コンクリート造の頑丈な建物です。またアメリカのような強力な竜巻の発生率も低いことから、建物が全壊する恐れはありません。そのため日本の竜巻の避難訓練の主目的は、窓ガラスの飛散から身を守ることに向けられています。

9 竜巻予測ってどれくらい当たる？

科学技術の進歩によって、局所的な気象現象である竜巻の予測もできるようになりました。２００８年からは竜巻の発生の可能性を知らせる「竜巻注意情報」が発表されています。しかし、その的中率はまだまだ低いのが現状です。

天気予報と竜巻

１８８４年6月1日、東京市内（現在の東京23区内）の交番に日本で第一号となる天気予報が張り出されました。「全国一般、風の向きは定まりなし、天気は変わりやすし、ただし雨天勝ち」。すべての天気を網羅した、実に無難な内容と言えますね。それから１３０年を経た現在では、市町村単位での時間ごとの天気、気温、湿度、風向きまでが事細かに予報されるようになりました。翌日の天気の的中率は80％以上に達し、その予報精度の進歩には目を見張ります（にもかかわらず、天気予報は当たらないと言われることがあります。世間の目は厳しいも

〇〇地方竜巻注意情報　第〇号
平成〇年〇月〇日〇時〇分　〇〇地方気象台発表
〇〇地方は、竜巻などの激しい突風が発生しやすい気象状況になっています。空の様子に注意してください。雷や急な風の変化など積乱雲が近づく兆しがある場合には、頑丈な建物内に移動するなど、安全確保に努めてください。落雷、ひょう、急な強い雨にも注意してください。この情報は、〇日〇時〇分まで有効です。

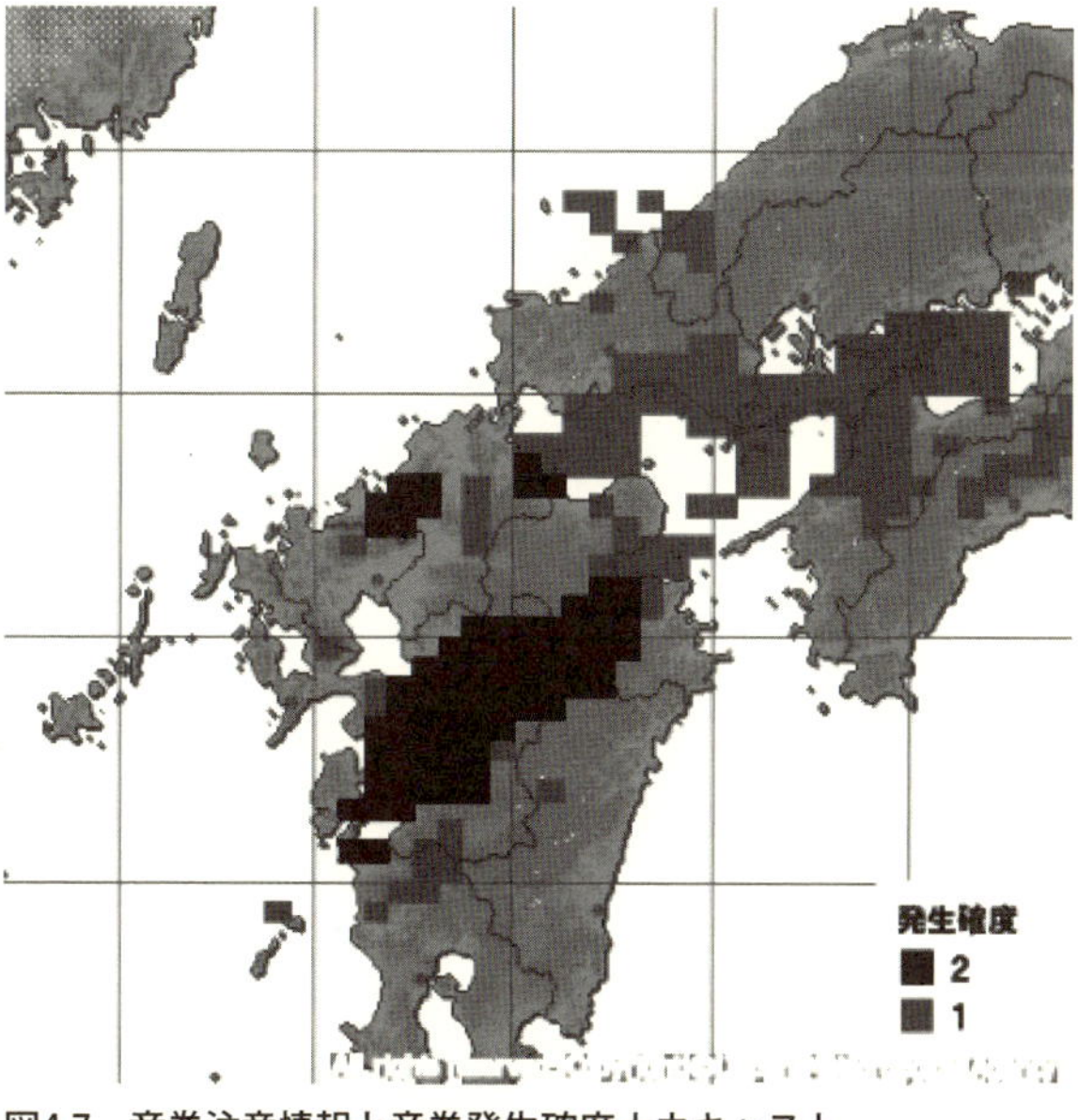

図4.7　竜巻注意情報と竜巻発生確度ナウキャスト
（出所：気象庁）

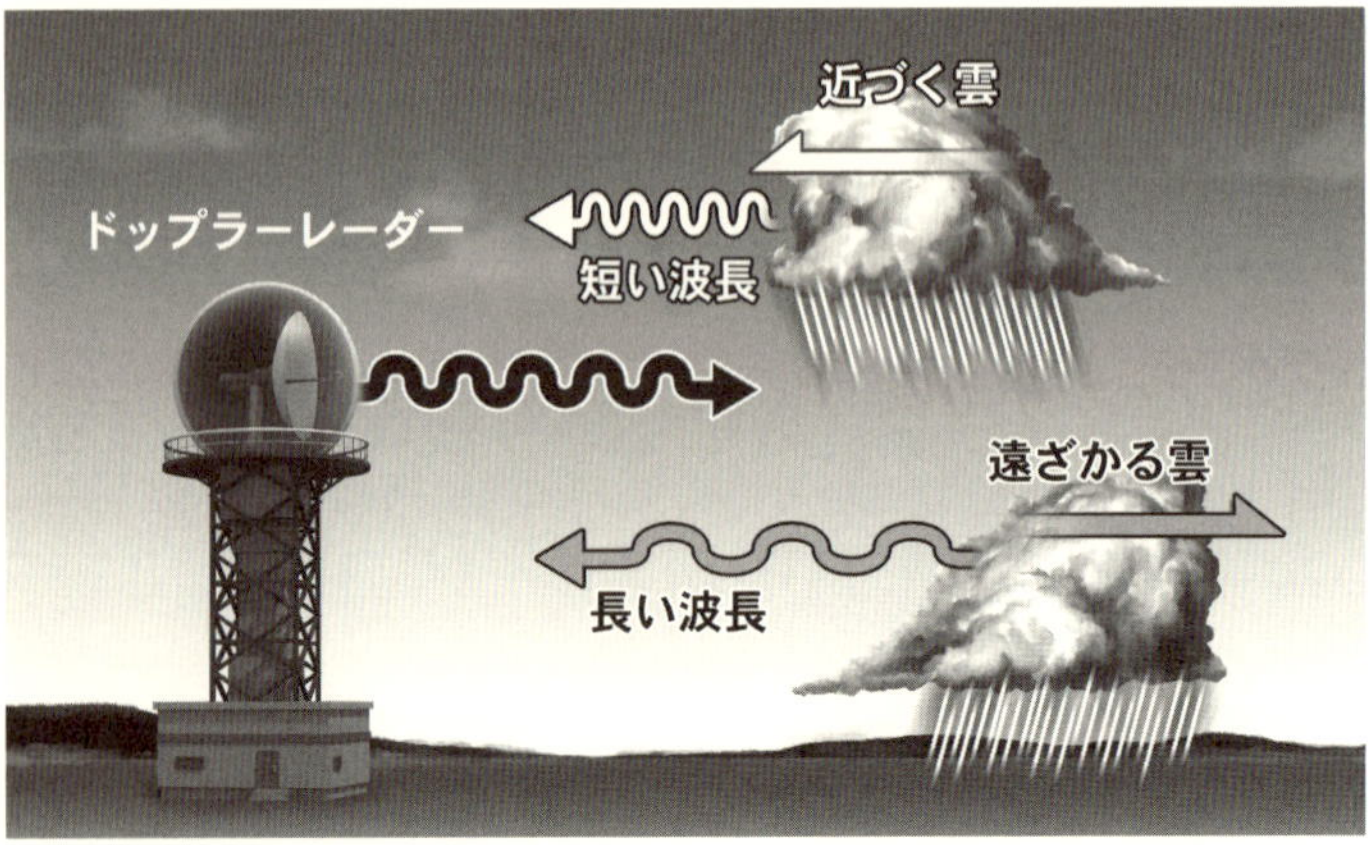

図4.8　ドップラーレーダーのしくみ

のです…)。

年々進化を続けている天気予報ですが、以前は困難だとされていた竜巻予測も行われるようになりました。よく耳にするものとして、2008年から気象庁で発表されるようになった「竜巻注意情報」があります(**図4・7**)。これは竜巻などの突風が起こりやすい気象状況になった時に発表されます。そして2010年からは、日本全国を10キロの格子に分けて10分ごとの竜巻の発生しやすさを予測する「竜巻発生確度ナウキャスト」も発表されるようになっています。

竜巻予測のいま

竜巻予測はどのように行われているのでしょうか。まず竜巻発生の前兆となる、スーパーセルの中にあるメソサイクロンを探し出します。その検出に一役買うのが、「ドップラーレーダー」と呼ばれる装置です。

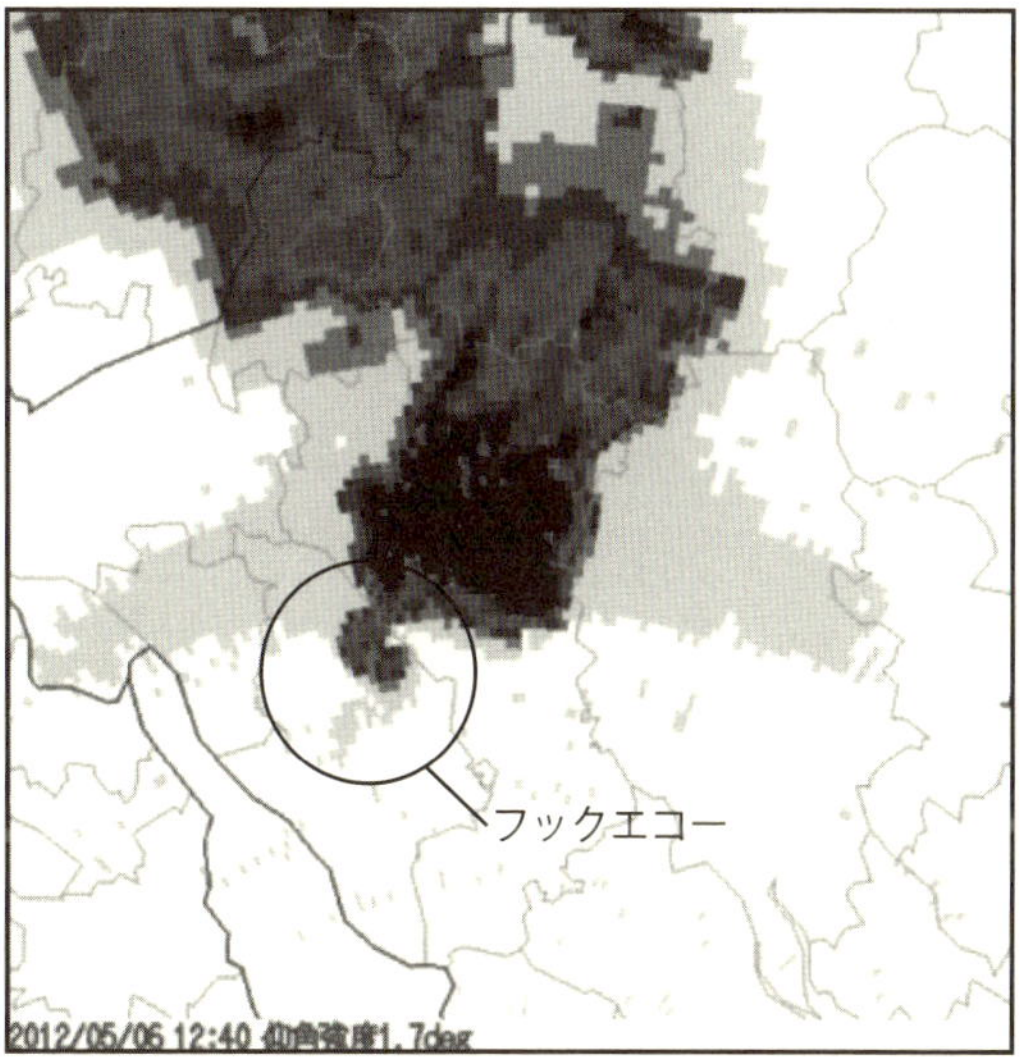

図4.9　レーダーに映るフックエコー（2012年5月6日）（出所：気象庁）

これは、救急車が近づいてくる時と遠ざかっていく時とで音が変わるように、音源と観測者の位置関係で音が変わる性質「ドップラー効果」を利用したものです（**図4・8**）。

渦であるメソサイクロンの中では、レーダーに近づく風の向きと遠ざかる風の向きが存在しています。レーダーから出された電波は、雨粒子に当たると跳ね返ってくる時に波長が変化するので、風に流される雨粒子が近づいているのか、遠ざかっているのかを判断できます。メソサイクロンがないと一つの風向きの信号しか検出されないため、二つの風向きの信号がある場合はメソサイクロンの存在が予測されるのです。

図4・9は、2012年5月6日に茨城県つくば市でF3の竜巻が発生した際に、ドッ

プラーレーダーに映った竜巻の親雲です。つくば市の所に鉤状の雨域が見えます。これは「フックエコー」と呼ばれるもので、メソサイクロンの存在を表しています。こうしたドップラーレーダーによるメソサイクロンの予測に加え、大気の不安定度や上空と下層の風や温度などを計算して、竜巻注意情報を発表しているのです。

竜巻注意情報の的中率

メソサイクロンから竜巻が発生する確率は、20%程度と言われています（Burgess, 1997）。したがって、メソサイクロンが確実に検出されれば、5回に1回の割合で竜巻発生が予測されることになります。しかし、日本の竜巻注意情報の的中率は5%（2008~2013年）、特に2011年はたったの1%であり、しかも竜巻注意情報が出ていない時に9個もの竜巻が発生しているのです。

このように的中率が低い理由は、竜巻観測網が不完全であることに加えて、日本で発生する竜巻の多くが、発生を予測するのが難しいスーパーセル以外の要因によるもので、また弱くて寿命の短いものだからです。一方、アメリカの竜巻警報の的中率は20~50%程度で、2006年は75%もありました。しかも、竜巻が発生する15分前に警報が発表されることが多いので、早期の避難行動を促すことができます。

竜巻予測精度の向上に向けて

気象庁は約20基のドップラーレーダーを設置していますが、直径が数キロのメソサイクロンを捉えるためには、その数は十分とは言えません。このため、関東地方では「X－NET」と呼ばれる、大学や研究所が連携したプロジェクトが行われています。またドップラーレーダーのほかにも、3次元的なデータを集めることが可能な「フェーズドアレイレーダー」や、雲の粒の動きを把握できる「ドップラーライダー」などの新しい装置も開発されています。

さらに、ボランティアの力を借りて、竜巻に遭遇する危険を未然に防ごうという計画もあります。これはアメリカやカナダにならって数年後には開始される予定の「スポッター制度」です。

「スポッター（spotter）」とは気象の監視人として登録されたボランティアのことで、スポッターが空の異常を見つけると、気象庁に伝えるようなしくみになっています。竜巻は小さな気象現象なので、観測は結局のところ、人の目に頼らざるを得ません。こうした気象現象を監視する目が増えることは、竜巻予測に大きな効果があると期待されています。

コラム

242ドルのニワトリ

1932年3月、アラバマ州スタントンで竜巻が発生、家族団らん中のレイサム家を襲いました。残念なことに両親はこの竜巻で亡くなり、あとに残されたのは子供4人と、木箱の中で飼われていたニワトリと卵でした。ニワトリは数十メートルまで巻き上げられたと推定されますが、まったくの無傷で、奇跡のニワトリと卵としてオークションにかけられました。付いた値段は242ドル（現在の価値にしておよそ75万円）。もちろん、このお金はレイサム家の遺児たちに贈られました。

映画『ツイスター』の裏話②

映画『ツイスター』は、竜巻の研究を専門としている若き気象学者たちの活躍を描いています。彼らはストームチェイサーとも呼ばれ、危険をかえりみずトルネードの中に観測機器を仕掛けに行きます。実はこの主人公たちには、れっきとしたモデルが存在しました。当時のオクラホマ大学気象学部教室の学生たちがそのモデルで、なんとその指導教官は佐々木嘉和《ささきよしかず》氏という1956年に渡米した日本人学者です。映画のきっかけが野茂投手、モデルが佐々木教室の生徒、そして藤田哲也博士と、この映画は日本人が重要な役割を担っています。

終章

藤田哲也伝

――ドクター・トルネードと呼ばれた男の軌跡

藤田哲也博士（提供：藤田哲也記念会）

少年時代

北九州空港から車で小倉市内方面に進み、周防灘を架ける全長約2キロの橋を渡ります。穏やかな濃紺の海に目をやると、豊かな木々を蓄え、クジラの背の形をした小島、間島《ましま》が見えてきます。干潮時には水が引いて陸つながりになる国内有数の干潟地帯で、幼い頃藤田がよく父親に連れられて遊んだ場所でもあります。橋を渡ると、なだらかな稜線を描く山々が見えてきます。石灰岩でできたカルスト地形で、長い年月と雨が作り出した無数の鍾乳洞があります。藤田が18歳の時に発見した「藤戸洞窟」もその一つです。

１９２０年10月23日、藤田哲也はこの自然豊かな福岡県企救郡中曽根町（現在の北九州市小倉南区）に生まれました。父友次郎は小学校の地理の教師で、藤田を干潟や山などに連れ出し、豊かな自然に触れさせたのでした。中曽根の自然は藤田にとって教材の宝庫だったのです。周防灘《すおうなだ》の水が引いた時に、沖から間島までを往復して潮の満ち引きと月の満ち欠けの関係を学んだり、鍾乳洞を探検して地質学を学んだり、様々な動植物を観察したりと、父親による実地学習が藤田の科学者としての礎を築いていきました。

その中でも藤田が特に興味を持ったのは天体で、小学校に上がる頃には眼鏡のレンズで天体望遠鏡を作ったり、太陽の黒点観測から太陽の自転周期を計算したりするまでになっていました。後年になってからも藤田の天体好きは変わらず、アメリカ航空宇宙局（ＮＡＳＡ）と共同研究をしたり、日本に帰国した際には土星や木星の写真を持ち歩いては人に見せていたほどだったそうです。

旧制中学３年（16歳）の時には、藤田の生涯の基本姿勢ともいえる合理的な考え方が身についていました。藤田が大分県耶馬渓《やばけい》の青の洞門に遠足に行った時のことです。青の洞門とは江戸時代に人力で作られた小さなトンネルで、禅海上人が30年かけて小さなノミだけで岩を削って開通させたものでした。

いわば禅海上人の不屈の精神と努力を称賛する場所でもあったのですが、藤田の口から出たのは次のような言葉でした。

「先生！　禅海和尚は立派だとは思いますが、私ならまず15年かかって穴掘り機を開発し、次の15年で穴を掘ります。そうすれば30年後には穴と穴掘り機の両方が残りますから」。

1934年に撮られた家族写真。後列右が14歳の藤田哲也（出典：藤田哲也『ある気象学者の一生』2001年）

中学生にしてすでに大人顔負けの主張を持つ藤田に先生も困ったことでしょう。この時藤田は先生からひどく怒られたようですが、このような考え方は後の研究生活においても変わることがありませんでした。藤田は後年、「私は研究を始める時、さて、どんな準備をしようか、いつも考える」と言っていたようです。何に取り掛かるにも、まずはどんな道具を作ろうかと考えました。そして道具を先に作ってから研究に取り掛かり、いつも最後には研究成果と道具の二つを手元に残したのです。

藤田は子どもの頃から自分の頭で考えることを徹底していました。中学の時には、数学の対数の公式を教えられるままに暗記するのではなく、自分でゼロから作り出し、そのために時間がかかり成績が落ちてしまったそうです。また洗濯板を使っていた当時、使うことができるレベ

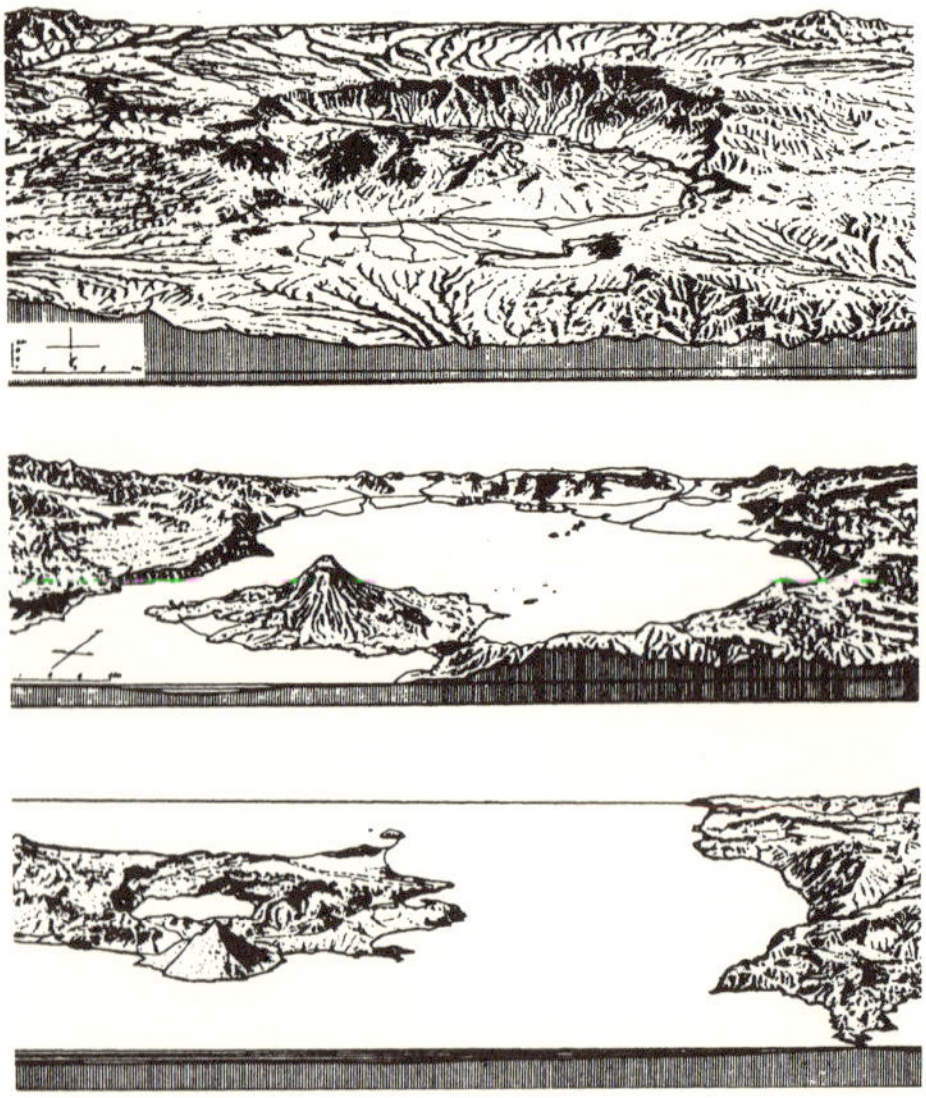

藤田が20歳の時に描いた立体図。上から阿蘇、姶良、阿多カルデラ。（出典：藤田哲也『ある気象学者の一生』2001年）

ルには到りませんでしたが、藤田は全自動洗濯機の開発に挑戦したこともありました。さらに立体鳥瞰図の描き方を習得し、実際に測量した結果から、友人と5000分の1の「小倉中学校近傍図」を完成させました。藤田は後年、「既存のものをそのまま受け入れるのではなく、自分から作り出すことが大事だ」と言っています。その後コンピューターが普及してからも、決してそれに頼ろうとはしませんでした。

藤田がまだ旧制中学5年（18歳）の時、藤田の父は持病である肺結核が悪化して42歳で他界しました。年老いた祖母と、病気がちな母、そしてまだ幼い弟妹を抱えて、藤田は一家を背負わなければならなくなったのです。父の後を継いで教師になる夢を持っていましたが、大学に進学する資金はありませんでした。

大学進学を諦めかけていたその頃、藤田に救いの手が差し伸べられました。藤田の才能と可能性を見出していた中学時代の校長が、明治専門学校（最後の武士と称される山川健次郎が設立した、日本初の私立の実業専門学校）の校長に藤田の進学を願い出たのでした。この2人の助けによって、1938年に藤田は明治専門学校の機械科に入学することができました。この後も藤田は生涯を通じ、周りから様々な援助を受けることになります。彼の才能と人柄の良さに魅了された人々が多くいたのです。

そうして入学した明治専門学校で学生として勉強を続けながら、地質学の権威である松本唯一教授の研究助手となりました。松本教授に同行して九州全土に地質調査に出かける中で、藤田は地質学や地形学への興味を膨らませていきました。この時に学んだ三角測量や地図作成の技術は、後のアメリカでの気象研究に大いに役立ちました。藤田の論文や著書には手描きの地図や絵が数多くありますが、それらは目を見張るほど立派なものに仕上がっています。高度で分かりやすい絵の才能から、アメリカでは「気象界のウォルト・ディズニー」というあだ名が付けられていたほどでした。

藤田は研究助手を続けながら、旧制小倉中学校や明治専門学校で物理学や数学の教鞭をとりました。既存の教科書は使わず、分かりやすい自作の図などを載せたガリ版刷りの冊子を作って使用していたようです。藤田の授業は評判が良く、また優しい人柄も相まって、旧制中学校では生徒たちの間で「哲ちゃん先生」と親しみを込めて呼ばれていました。

そのような中、1941年に太平洋戦争が始まりました。次第に日本の戦局が不利になっていくと、学徒出陣として戦争に駆り出されるようになりましたが、藤田は理工系の専攻であり、また肺結核の持病もあったことから召集を免れたようです。この頃にはすでに藤田の評判は政府にも知られており、米軍機のサーチライトから飛行高度を特定する技術開発を依頼されるほどでした。

長崎での原爆調査

１９４５年8月9日、長崎に原爆が落とされました。それから68年を経た２０１３年、藤田の生家にある倉庫から被爆直後の長崎を撮影した35枚の貴重な写真が見つかりました。なぜそのような写真があったのでしょうか。

実は原爆投下直後の8月20日、藤田は長崎を訪れていたのです。アメリカの占領下に置かれる前に原爆の実態を調べておきたいという、明治専門学校の校長が派遣した調査団のメンバーに藤田は参加を申し込みました。藤田を含む10人の調査団には、爆心地と爆発高度を特定することが求められていたのですが、調査は困難を極めました。強い爆風ですべてが吹き飛び破壊されていたため、爆心地の特定に至る証拠を見

藤田が撮影した被爆直後の浦上の様子。中央に立っているのは一本柱鳥居。（提供：藤田哲也記念会）

つけられなかったのです。さらに真夏の猛暑に体力を奪われたこともありました。

そのような困難な状況のもと、藤田はある重要な手掛かりに気が付きました。それは倒れた木々の向きでした。焼け焦げたり傾いたりしている木々の中に、著しく焦げながらも垂直に立っている数本の木々を見つけたのです。藤田はここが爆心地であると確信しました。爆心地から少し離れた所では爆風が放射状に広がるのに対して、爆発の直下地点では爆風は真上から襲うと考えたからです。そして、爆心地の位置と、放射線が残した影の跡から、爆発高度を約520メートルと特定しました。

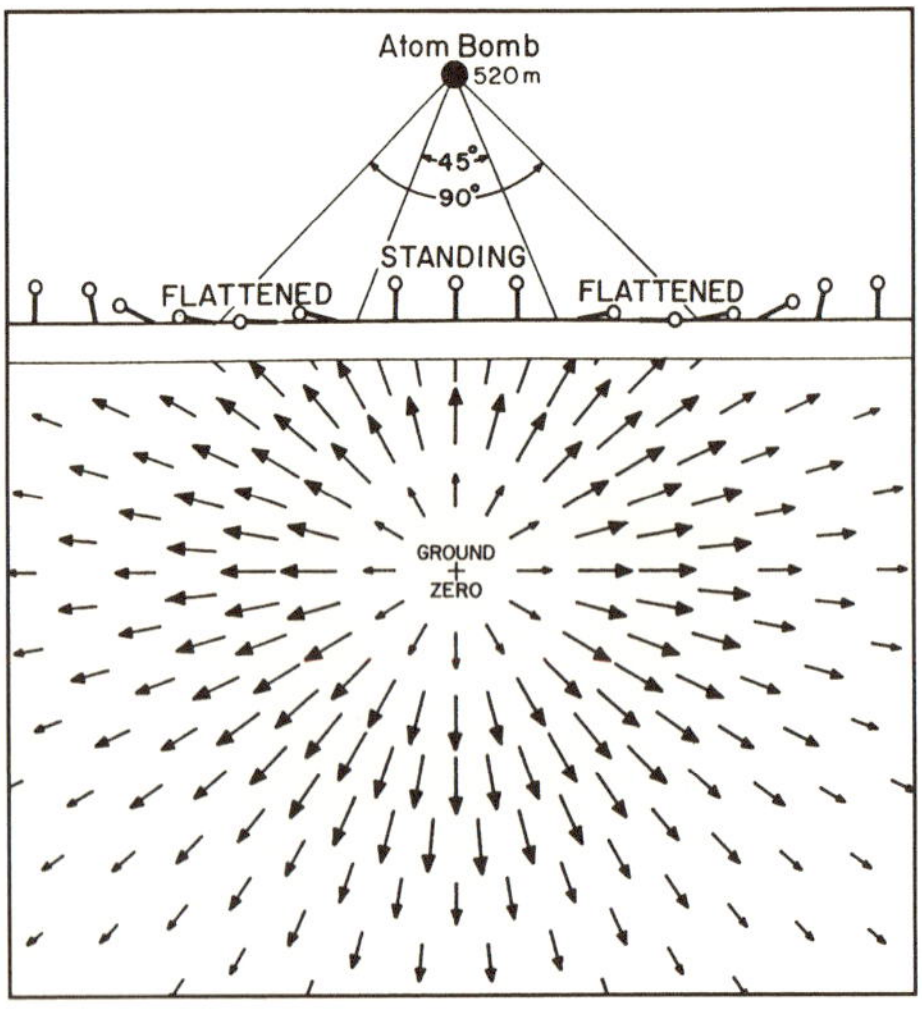

長崎に投下された原爆の爆風の向きと、倒された木々の方向。（出典：藤田哲也『ある気象学者の一生』2001）

背振山での発見

藤田は長崎での原爆調査を通して、局地的な強風に興味を持つようになりました。さらに戦後の貧窮した生活の中でも最小限の費用で研究できるという理由で、専門を機械工学から気象学へと転向しました。藤田は自ら作った測器を使って地道な観測を続け、1947年8月24日、当時の常識を覆す大きな発見をしたのです。

その時、藤田は背振山《せふりさん》（福岡と佐賀の県境に位置する標高1055メートルの山）の測候所で雷雲の観測を行っていました。そこに巨大積乱雲が突然現れると、強風が吹き、気圧計が急上昇しました。これは上空から空気が下降していることを意味します。当時、積乱雲には上昇気流しか存在しないと思われていたため、この下降気流の存在の発見は、通説を真っ向から否定するものでした。しかし、この発見は日本の研究者の間で評価されることはなく、議論の対象にすらなりませんでした。

この藤田の「早すぎる発見」を見出してくれる人物はアメリカから現れました。きっかけは藤田が知人から渡された英字論文でした。その論文には、雷雲の中で下降気流が存在することが示されていましたが、これを書いた人物こそ、後に藤田の恩師となるホーラス・バイヤース教授でした。この論文は、背振山の測候所に隣接する米軍レーダー基地内のごみ箱に捨てられていたもので、それを偶然にも知人が拾って藤田に渡したのでした。この論文を知人が拾わなかったら、藤田がアメリカに行くことはなかったのかもしれません。

藤田はその後、家庭教師先だった著名な料理研究家の江上トミ氏から英文タイプライターを購入し、慣れない英語に悪戦苦闘しながらも論文を英訳して、シカゴ大学に送りました。受け取ったバイヤース教授は大変驚いたことでしょう。アメリカ軍の支援を受けて、2年間にわたって200万ドル（当時7億2000万円）に及ぶ研究費と多くの人員によって成された発見を、藤田は短期間の内に、ほぼ1人で、しかも1万円にも満たない費用で成し遂げていたのです。バイヤース教授は藤田をアメリカに招待するための手紙をすぐに送りました。その宛名は「ドクター藤田哲也」となっており、バイヤース教授は藤田のことをドクター（博士）と思っていたのです。藤田がまだ博士でなく、専門は機械工学であることを知った教授は再び驚き、「ドクターになってシカゴに来てください。それまで待っています」と返信しています。ここに将来の気象学を牽引することになる2人の科学者の交流が始まったのです。

アメリカでの挑戦

藤田は1953年に渡米し、ほどなくしてアメリカの気象界に「メソメテオロロジー（メソ気象学）」という、新たな研究分野のブームを起こしました。竜巻・雷雨・集中豪雨といった、数十キロメートルから数百キロメートル規模の気象現象を対象にする新しい研究分野を確立したのです。

当時のアメリカの気象学の分野には、地球規模の巨大な気象現象を扱う「総観規模」と、極端に小さな気象現象を扱う「マイクロ現象」の二つに分かれていました。一方、日本にはその二つの中間にあたる「局地解析」と呼ばれる研究分野がありました。藤田はこの局地解析を中間という意味を持つ「メソ」という言葉に変えてアメリカの気象界に持ち込んだのです。メソ気象学はアメリカの気象界で評価され、藤田はシカゴ大学から専門の研究所と15人を超える研究員を与えられました。藤田の名前もさらに広く知られていくようになったのです。

藤田にはネーミングのセンスもありました。藤田が作った新語には「メソ気象学」のほかに「メソサイクロン」や「フックエコー」といった、現在でも一般に使われている気象学用語があります。さらに自分の名前もアメリカ風にアレンジして、哲也の代わりにTedと名乗りました。Tetsuyaだとア音で終わるためにアメリカでは女性名に聞こえてしまうことから、自らニックネームを作り出したのでした。

藤田によるメソ解析によって、竜巻の研究は一気に加速しました。それ以前のアメリカでは、竜巻の大きさや風の強さなどの個々の違いを区別せずに一義的に扱い、竜巻に関する記録は個数を把握する程度にとどまっていました。それは竜巻が「総観規模現象」にも「マイクロ現象」

竜巻で吹き飛ばされたI字鋼に乗る藤田博士
（提供：藤田哲也記念会）

にも属さない中間の大きさの現象であったため、研究対象にならなかったからです。

1957年6月ノースダコタ州ファーゴで巨大な竜巻が発生しました。しかし、竜巻は局地的かつ短時間の現象であり、竜巻が発生しやすい地域は人口がまばらであるため、その情報を集めることは大変困難でした。このことは竜巻研究が進まない一因でもありました。そこで藤田は、これまで誰もやってこなかった手法を試みました。地元のラジオやテレビ局に依頼し、竜巻の写真や目撃情報の投稿を呼びかけたのです。この手法は見事に成功し、情報提供者が次々と現れ、計53地点から撮った197枚もの写真が集まったのです。藤田はそれらの情報をもとに、日本で学んだ三角測量の技術を駆使して竜巻の経路図を作成しました。

この調査は成功を収めただけでなく、藤田は市民への取材を通して会話や論争に通用するレベルの英語力を身に付けたようです。それに加えて何よりも藤田が喜んだのは、恩師バイヤース教授からの称賛でした。

「私は日本の藤田を発見して、アメリカに招聘できたことを、誰よりも誇りに思う」。

バイヤース教授は、藤田の才能を誰よりも深く理解していたのです。

その後、ドクター・トルネードとまで呼ばれるようになった藤田ですが、本物の竜巻を目にする機会はなかなか訪れませんでした。藤田が乗っていた車のナンバーは「TTF０００」というもので、これはTetsuya Ted Fujitaの頭文字と竜巻を見た回数、すなわち0を意味していたそうです。藤田が初めて竜巻を目撃したのは渡米して30年あまりが過ぎてからのことでした。１９８２年６月12日にコロラドで初めて竜巻を目撃した藤田は、あまりの嬉しさに記念パーティーを催したようです。そしてこう語っています。

「自分の誕生日を忘れても、この日を覚えているだろう」。

ダウンバーストの発見

１９７５年６月24日、ニューヨークのＪＦＫ空港で最終着陸態勢に入ったイースタン航空66便が、突然の豪雨と突風に見舞われ、バランスを崩し墜落、乗客乗員１１３人が死亡するという事故が発生しました。しかし、墜落の直前には別の航空機が横風に煽られながらも無事に着陸できていたため、当初この墜落の原因はパイロットによる操縦ミスと判断されました。事故当時、突風が吹いていたことは明らかでしたが、その突風の正体を誰も解明することができなかったのです。そこで、事故機の航空会社は原因究明を藤田に託しました。その頃には、藤田はFスケールや雷雨の研究でその名が広く知られていました。

藤田は事故当時の風の記録や気象状況を入念に調べ、その結果、「飛行機を落としたのは、雷雲から下降してきて、地面に衝突し、放射状に広がった強風」であるという結論に至りました。

藤田はこの結論に確信がありました。事故現場の状況と30年前に長崎で目にした丸焦げになりながらも不自然に直立した木々と、それを囲むようにして放射状に倒れた無数の木の光景が重なって見えたのです。藤田はこの墜落事故の原因を原爆の爆風と同じように考え、上空から下降してきた空気の塊が地面に当たって四方に広がり、それが航空機にぶつかったと考えました。そして、この下降気流を「ダウン（下降）」と「バースト（爆発的に広がる）」を合わせた「ダウンバースト」と呼びました。

しかし、研究者やマスコミからはその根拠がないと強く批判され、藤田自身も「眠れぬ日々を過ごした」と後に回顧してい

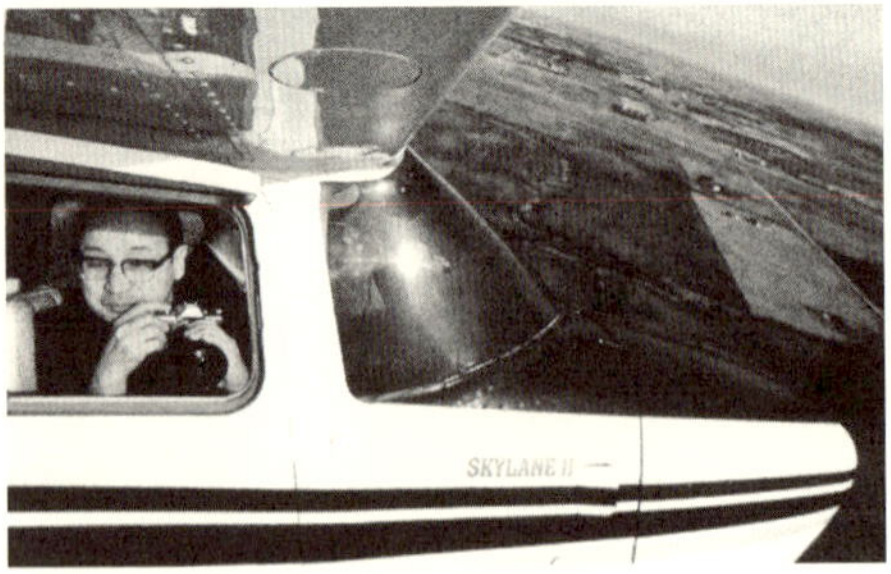

小型飛行機で観測に向かう藤田博士
（提供：藤田哲也記念会）

ます。藤田が自分専用のリアジェット機を使ってダウンバーストに突っ込んだり、レーダーを使った調査を行ったりしたことで、ダウンバーストの考え方は次第に受け入れられるようになっていきました。その後、ダウンバーストは気象学用語として定着し、世界中の空港にはこの風を探知するドップラーレーダーが設置されるようになったため、離着陸時の事故は急激に減少しました。藤田はこの発見によって、1989年に気象界のノーベル賞と称される「フランス航空宇宙アカデミー金メダル」を受賞し、世界的な気象学者としての地位を確立したのです。

晩年

藤田が残した一冊の自伝があります。タイトルは「Mystery Of Severe Storms（強力な嵐の神秘）」で、40年間にわたる研究の成果や人生の軌跡が写真や手描きの図などとともに収められています。藤田は生涯を通じて様々なミステリーの解明に挑戦し続けた人でした。

長崎の被爆地を調査した時は、現地の被害状況から爆心地を解明し、ニューヨークでの航空機事故の時は、ダウンバーストを発見しました。藤田の好奇心は常に未知なるものへの真相解明に向けられていたのです。「動くものなら何でも興味がある」と、藤田の興味の対象は気象現象だけにとどまらず、庭先のカマキリの生態から物価や研究費の動向まで幅広く、そして晩年になると、その対象は自分の病気の症状にも向けられました。

1995年3月、藤田が74歳の時。突然視界がぼやけ、二重視と飛蚊症を発症しました。医師からは自然に治るだろうと言われたものの、医学書を読み込んだ藤田は、自分の症状が異常だと感じ、症状を克明に記録し始めました。その後、胃の不調もあって抗生物質と降圧剤の投与を受けるようになると、今度は足に極端な冷えを感じたり、体に青あざが現れたりするようになりました。そしてついに糖尿病を併発するに至り、藤田は病気の原因を突き止めるべく、体重・血圧などの変化や具体的な症状を絵やグラフを使って毎日のように記録したのです。

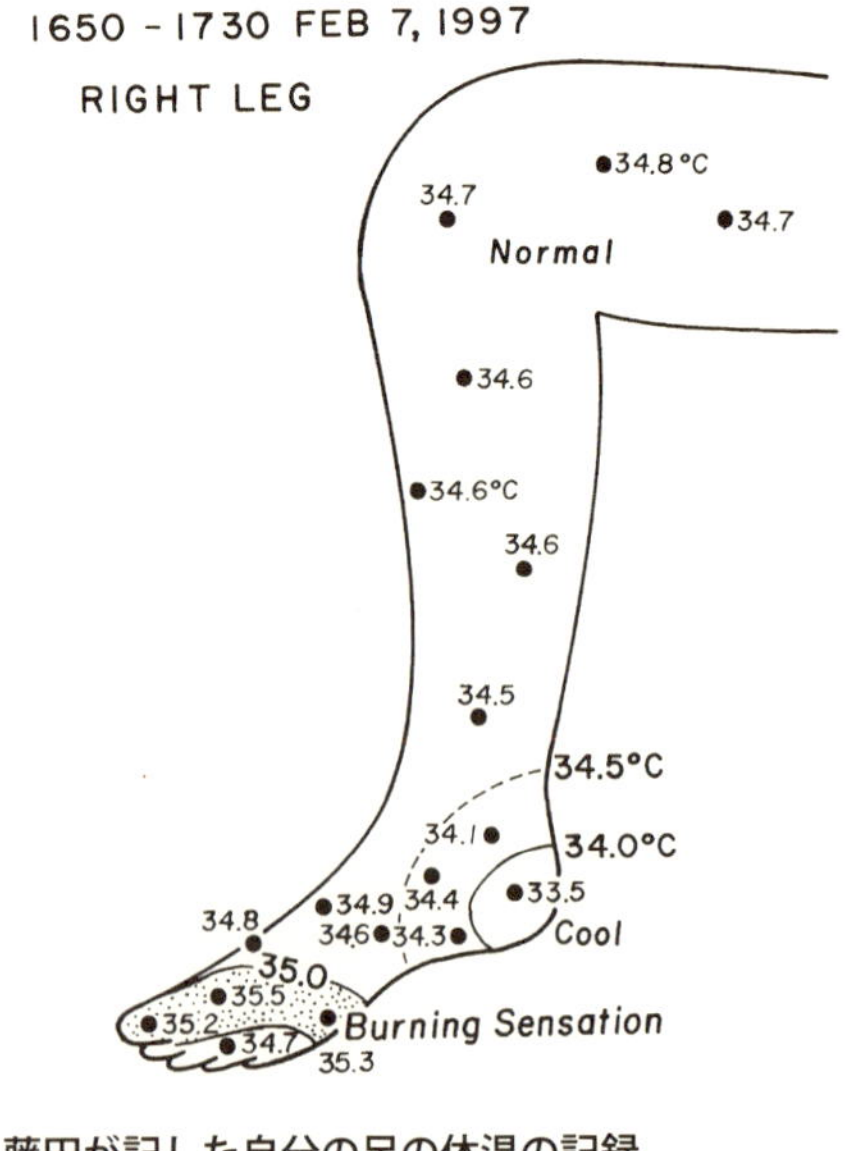

藤田が記した自分の足の体温の記録
（出典：藤田哲也『ある気象学者の晩年』1997）

藤田はその変化から、自分の病気の原因は、大柄なアメリカ人と同じ量の薬を華奢な体に投与されたことの副作用によるものと結論付けたのです。しかし時すでに遅く、その後も容態は悪化していきました。藤田は「薬には正作用と副作用があり、後者は死の原因になる」と語っていました。

症状の悪化とともに郷愁の想いが募ると、藤田は自分に聞かせるようにこの歌を口ずさんでいたそうです。

「兎追いし彼の山、小鮒釣りし彼の川。夢は今も巡りて、忘れ難き故郷」

少年時代を過ごした故郷・中曽根に帰りたいという追慕の念は尽きませんでした。それでも藤田はシカゴに留まり気象の研究を続けました。それは、敗戦後の貧しさから自分を救い出し、長年支援を続けてくれたアメリカ政府やシカゴ大学への恩返しでもありました。

１９９８年9月、藤田のもとに日本から1通の訃報が届きました。幼い頃から辛苦を共にし、「せき」と呼んで息子のようにかわいがってきた弟 碩也《せきや》が自分よりも先に逝ってしまったのです。この悲しみはどれほどのものだったでしょうか。藤田がアメリカから送った手書きの弔辞にはこう書かれています。

「哲也はアメリカに骨を埋めるつもりはありません。両親、碩也、妹が無言で待っている中曽根に必ず帰りますので、再会の日を静かにお待ちください」

それから2か月後の11月19日。藤田は弟の後を追うようにしてシカゴの自宅で息を引き取りました（享年78）。枕元には碩也の写真、気象衛星写真や研究ノートなどが所狭しと積まれていたそうです。家族、故郷、そして研究を愛した藤田らしい最期でした。

藤田の死後、そのカリスマ性は改めて広く認識されることになりました。

「彼のいない世界はつまらないものになるだろう」

「彼との出会いはローマ法王との出会いに等しかった」

藤田を慕う声が次々と寄せられ、テレビでは特別追悼番組が放映されたほどでした。

北九州市の生家にほど近い閑静な住宅地の一角に藤田の墓はあります。努力と挑戦を重ね、気象界に偉大な功績を残した藤田はようやく故郷に戻り、安らかに眠っているのです。墓石には、藤田を惹きつけてやまなかった竜巻の形が刻まれています。

竜巻が刻まれた墓石

以上

おわりに

私が藤田哲也という人物を初めて知ったのは、アメリカ留学中にワシントンDCでニュース番組を見ていた時のことです。番組ではアメリカ南部で大規模な竜巻が発生し多数の死者が出た、と報道していました。竜巻の被害映像が映し出された後、気象キャスターは繰り返し、繰り返し“Fujita Scale 4”と興奮気味に伝えていました。その時は“Fujita Scale”の意味もよく分からず、ただ「フジタ」という語感から、アメリカに住む日系人の偉い学者の名前からきているのだろうと思い、それ以上調べることもありませんでした。

それから1年後の秋。夜、旅行先の広島から帰り、テレビをつけると、目を疑うような光景が映っていました。それは北海道佐呂間町での9人の死者が出た大惨事でした。倒れた電柱、剥がされて吹き飛ばされた屋根、土台ごとなくなった家屋、一面がれきの山、横転した車の数々…、その光景は戦争直後のような悲惨なものでした。一体何が起こったのかと、驚きのあまり目がテレビにくぎ付けになっていたその時、ふとアメリカで見た竜巻の映像が脳裏に浮かびました。するとキャスターが言ったのです。「…この竜巻の強さは〝藤田スケール3〟との情報もあります…」。この時が私にとって2度目の「フジタ」との出会いです。

アメリカでの竜巻のニュースの際は気にはなったものの、そのままにしてしまいましたが、佐呂間町の惨状を見た時には「フジタ」についてもっと知りたいという気持ちで一杯になりました。そこで資料や文献を調べていくうちに、この「フジタ」という人物は「ただ者ではない」ことが分かってきたのです。

藤田哲也は小倉に生まれ育った、生粋の日本人でした。幼い頃から天才と誉れ高かったのですが、かといって特別な待遇を受けたわけでもありませんでした。しかし才能というのは不思議なもので、自分が望むと望まないとにかかわらず、周りから押し上げられることがあるのです。

藤田の場合もチャンスは突然やってきました。27歳の時、雷雲の中に下降する気流を発見したのですが、それがシカゴ大学の研究内容と重なっていることが偶然分かりました。その自らの研究成果をアメリカに送ったところ、シカゴ大学は類い稀な藤田の才能をすぐに見抜き、アメリカに招聘したのです。渡米した藤田はその後着々と業績を重ね、十数年後には気象界における世界的第一人者となりました。

敗戦間もない小国の一科学者が、なぜ世界一の科学大国アメリカの目に留まり、招かれるまでに至ったのか。調べていくうちに、アメリカが藤田の才能に着目したのは至極当然に思えてくるようになりました。その先駆的な藤田の業績に、私は同じ日本人として誇らしさを感じ、この日本が生んだ世界の星を、日本人の多くが知らないのは非常に寂しいことであるとも感じました。

絵の巨匠ゴッホも、遺伝の法則を発見したメンデルも、地動説を唱えたガリレオも、生前は称賛を浴びることなく、その人生を終えました。しかし現代において多くの人々が彼らを知っているのは、彼らに感銘を受けた後世の人がその業績を伝え残したからです。防災や減災がますます重要な意味を持つ現代こそ、藤田の業績を再生させ、広く世に知ってもらうことが必要なのではないか、そんな思いで終章には藤田の生涯を書き綴りました。

終章「藤田哲也伝」は、藤田哲也記念会の皆様のご協力なしには書くことができませんでした。藤田記念会は藤田博士の教え子やゆかりのある方々から構成され、藤田博士の功績や人柄を広めるために1999年に設立された団体です。その会員であり、藤田博士と家族ぐるみの付き合いがあった中村弘様や、北九州イノベーションギャラリーの館長である金氏顯様には貴重な情報を提供していただいたばかりか、終始激励の声をかけていただきました。また、本書の編集では日比野元様ほか共立出版の皆様にお世話になりました。心から厚く御礼申し上げます。

2014年8月　森さやか

参考文献

■第1～4章

N. Mathis, Storm warning –The story of a killer tornado, 2008, Touchstone.

R. Hill, P. Bronski, Hunting Nature's Fury, 2009, Wilderness Press.

T. Grazulis, The Tornadoes; Nature's ultimate windstorm, 2003, University of Oklahoma Press.

O. Atelier, Natural Disasters Vol 6: Tornadoes, 2011, Webster's Digital Services.

M. Mogil, Tornadoes, 2003, Voyageur Press.

M. Bright, The Pocket Book of Weather, 2013, Adlard Coles Nautical.

藤田哲也，たつまき上 -渦の脅威-，1973，共立出版.

広瀬弘忠，人はなぜ逃げ遅れるのか，2004，集英社新書.

筆保弘徳ほか，天気と気象についてわかっていることいないこと，2013，ベレ出版.

A.M.Goliger, R.V.Milford, A review of worldwide occurrence of tornadoes, 1998, Journal of Wind Engineering, 74-76.

田村幸雄，竜巻等突風対策，情報利用の問題点　風工学Wind Engineeringの立場から，2012，http://www.jma.go.jp/jma/kishou/know/toppuu/24part1/24-1-shiryo6.pdf

林泰一ほか，日本における竜巻の統計的性質，1994，京都大学防災研究所年報.

新野宏，激しい渦の脅威「竜巻」，2002，予防時報，209.

J. Holden and A. Wright，UK tornado climatology and the development of simple prediction tools，2004，Meteorology Society.

村松貴有・川村隆一，日本におけるダウンバースト発生の環境場と予測可能性，2012，天気，59(9).

■終　章

T. Fujita, Mystery of Severe Storms, 1992, The University of Chicago.

藤田哲也，ドクタートルネード　藤田哲也，2001，藤田哲也記念会.

藤田哲也，ある気象学者の晩年，1997.

塚田忠正，吹き下ろす風，2006，学習研究社.

J. D. Cox，嵐の正体にせまった科学者たち，2013，丸善出版.

S. Potter, Fine-Tuning Fujita, 2007, Weatherwise.

世界の竜巻博士藤田哲也（北九州に強くなろうシリーズ No.97）西日本シティ銀行.

付録：全国竜巻発生リスト（9／9）

発生場所		発生日	藤田スケール	死者（人）	負傷者（人）	住家全壊（棟）	住家半壊（棟）	備考
沖縄県	島尻郡南大東村	1998年2月19日	F1	0	0	0	0	
	中頭郡勝連町	1987年1月5日	(F2)	0	2	0	3	現：うるま市
	中頭郡西原町	1993年5月27日	F1	0	0	0	0	
	中頭郡与那城町	1995年9月23日	F1	0	0	0	0	現：うるま市
	中頭郡読谷村	2005年1月27日	F1	0	0	0	0	
	中頭郡読谷村	2007年3月15日	F1	0	0	0	0	
	名護市	1992年9月22日	F1	0	8	0	0	
	名護市	2004年9月27日	F1	0	1	0	0	
	名護市	2006年11月18日	F2	0	3	0	0	
	那覇市	1991年2月13日	F1	0	0	0	0	
	宮古郡伊良部町	1994年8月20日	F2	0	14	1	34	現：宮古島市
	宮古島市	2007年4月18日	F1	0	0	0	0	

（1961～2013年に発生したF1以上の竜巻。海上竜巻を除く。出所：気象庁）

（備考）藤田スケールでカッコ書きになっているものは、文献等からの引用または被害のおおまかな情報等から推定したもの。被害数の右に*印があるものは、他の事例の被害数を含む。#印は大雨など突風以外の気象現象による被害数を含む、あるいは他の事例の被害欄に当該事例による被害数を含む。

付録：全国竜巻発生リスト（8／9）

発生場所		発生日	藤田スケール	死者（人）	負傷者（人）	住家全壊（棟）	住家半壊（棟）	備考
鹿児島県	姶良郡吉松町	1991年6月25日	F1	0	6	0	5	現：湧水町
	阿久根市	1976年2月28日	F1	0	0	8	5	
	いちき串木野市	2008年3月27日	F1	0	0	0	0	
	揖宿郡頴娃町	1993年12月1日	F1	0	0	0	0	現：南九州市
	揖宿郡喜入町	1996年7月1日	F1	0	0	不明	不明	現：鹿児島市
	大島郡伊仙町	1975年2月6日	(F2)	0	1	2	0	
	大島郡瀬戸内町	2006年1月19日	F1	0	0	0	0	
	大島郡知名町	1972年6月6日	F1	0	0	2	6	
	大島郡知名町	1992年1月6日	F1	0	1	2	4	
	大島郡徳之島町	2011年11月18日	F2	3	0	1	0	
	鹿児島市	2002年10月6日	F1	0	0	0	0	
	加世田市	1978年2月10日	F1	0	1	1	1	現：南さつま市
	加世田市	2002年10月6日	F1	0	0	0	0	現：南さつま市
	川辺郡知覧町	1961年1月24日	F1	0	0	0	1	現：南九州市
	熊毛郡中種子町	1980年10月13日	F1	0	0	0	1	
	熊毛郡中種子町	1997年9月14日	F1	0	0	1	0	
	川内市	1990年10月6日	F1	0	2	0	0	現：薩摩川内市
	垂水市	1993年12月1日	F1	0	0	0	0	
	垂水市	2008年3月27日	F1	0	0	0	2	
	枕崎市	1985年9月28日	(F1～F2)	0	7	0	5	
	枕崎市	1990年2月19日	(F2～F3)	1	18	29	88	
	枕崎市	1996年3月30日	F1	0	0	0	0	
沖縄県	石垣市	2011年5月28日	F1	0	0	0	0	
	糸満市	1972年6月6日	(F1～F2)	1	9*	4*	16*	
	糸満市	1983年3月12日	F1	0	0	0	0	
	糸満市	1997年3月29日	F2	0	5	1	2	
	沖縄市	1989年7月4日	F2	0	0	0	0	
	沖縄市	2002年4月3日	F2	0	1	0	0	
	国頭郡金武町	1990年4月3日	F2	0	16	0	0	
	国頭郡今帰仁村	2004年9月27日	F1	0	0	0	0	
	国頭郡東村	2006年11月22日	F1	0	0	0	0	
	島尻郡伊是名村	1983年9月25日	(F2)	0	29*	18*	11*	
	島尻郡具志川村	1991年4月7日	F1～F2	0	0	0	0	現：久米島町
	島尻郡具志川村	1991年4月7日	F2	0	1	3	1	現：久米島町
	島尻郡具志川村	1992年2月15日	F1	0	0	0	0	現：久米島町
	島尻郡具志川村	1998年2月17日	F1～F2	0	1	0	0	現：久米島町
	島尻郡南風原村	1976年10月23日	F1	0	1	0	20	

（1961～2013年に発生したF1以上の竜巻。海上竜巻を除く。出所：気象庁）

付録：全国竜巻発生リスト（7／9）

発生場所		発生日	藤　田 スケール	死者 (人)	負傷者 (人)	住家全 壊(棟)	住家半 壊(棟)	備　　考
佐賀県	佐賀市	2004年6月27日	F2	0	15	15	25	
	鳥栖市	2004年6月27日	F1	0	0	0	0	
長崎県	壱岐郡郷ノ浦町	1997年10月14日	F1	0	0	0	0	現：壱岐市
	壱岐郡郷ノ浦町	1997年10月14日	F1～F2	1	0	0	0	現：壱岐市
	西彼杵郡西彼町	1978年10月27日	F1	0	0	0	3	現：西海市
	西彼杵郡外海町	1974年4月21日	F1	0	0	0	0	現：長崎市
	東彼杵郡東彼杵町	1975年10月12日	F1	0	1	0	4	
	福江市	1970年7月7日	F1	0	#	1	0	現：五島市
	南松浦郡富江町	1980年8月28日	F1	0	0	0	0	現：五島市
	南松浦郡富江町	1983年9月27日	F1	0	0	1	23	現：五島市
	南松浦郡富江町	1987年8月30日	F1	0	0	0	27	現：五島市
熊本県	阿蘇郡阿蘇町	1983年4月4日	F1	0	0	0	0	現：阿蘇市
	阿蘇郡一の宮町	1983年4月4日	F1	0	0	0	0	現：阿蘇市
	玉名郡長洲町	1983年4月4日	F1	0	0	0	0	
	本渡市	1975年10月12日	F2	0	2	1	0	現：天草市
大分県	臼杵市	2006年9月17日	F2	0	0	1	5	
	玖珠郡九重町	1970年7月27日	(F2)	0	不明	0	4	
	日田市	1981年6月29日	F1	0	0	0	33	
宮崎県	児湯郡新富町	1985年8月12日	F2	0	14	3	12	
	児湯郡高鍋町	1968年9月24日	(F2)	0	#	#	#	
	児湯郡高鍋町	1968年9月24日	(F2)	0	15	5	#	
	児湯郡高鍋町	1968年9月24日	(F2～F3)	0	#	#	#	
	西都市	1995年5月1日	F1	0	0	0	0	
	日南市	1991年11月28日	F1	0	5	0	0	
	日南市	2006年9月17日	F1	0	#	#	0	
	延岡市	2006年9月17日	F2	3	143	#	#	
	東臼杵郡門川町	2003年6月19日	F1	0	1	#	0	
	日向市	1985年8月31日	(F1～F2)	0	#	#	不明	
	日向市	2006年9月17日	F1	0	#	#	#	
	宮崎市	1968年9月24日	F1	0	0	0	0	
	宮崎市	1979年9月3日	F1	0	0	0	1	
	宮崎市	1980年10月14日	(F2)	0	15	3	26	
	宮崎市	1980年10月14日	F1	0	0	0	2	
	宮崎市	1980年10月14日	F1	0	0	0	0	
	宮崎市	1998年9月18日	F1	0	5	0	1	
	宮崎市	2005年9月5日	F1	0	#	#	#	
	宮崎市	2005年9月5日	F1～F2	0	#	#	#	

（1961～2013年に発生したF1以上の竜巻。海上竜巻を除く。出所：気象庁）

付録：全国竜巻発生リスト（6／9）

発生場所		発生日	藤　田 スケール	死者 （人）	負傷者 （人）	住家全 壊（棟）	住家半 壊（棟）	備　　考
岡山県	津山市	1989年7月11日	F2	0	1	0	0	
	美作市	2009年7月19日	F2	0	2	2	11	
広島県	神石郡三和町	1986年6月24日	（F2）	0	1	1	3	現：神石高原町
山口県	阿武郡須佐町	1969年6月22日	F1	0	2	0	1	現：萩市
	岩国市	2003年7月19日	F1～F2	0	1	0	2	
	小野田市	1999年9月24日	F2	0	13	#	#	現：山陽小野田市
	佐波郡徳地町	2003年7月18日	F1	0	0	0	0	現：山口市
	山陽町	2003年8月28日	F1	0	0	0	0	現：山陽小野田市
	吉敷郡阿知須町	1999年8月21日	（F1～F2）	0	0	0	0	現：山口市
徳島県	徳島市	2007年8月29日	F1	0	0	0	0	
香川県	綾歌郡綾川町	2010年9月23日	F1	0	1	0	0	
	仲多度郡多度津町	2008年9月21日	F1	0*	2*	0*	0*	
高知県	吾川郡春野町	1993年9月3日	F2	0	9	2	16	現：高知市
	安芸郡芸西村	1999年4月10日	F1	0	0	0	0	
	安芸郡東洋町	1975年11月14日	F1	0	0	0	15	
	高知市	1985年10月5日	F1	0	29	1	28	
	高知市	2003年9月12日	F1	0	1	0	0	
	香南市	2013年12月10日	F1	0	0	0	0	
	土佐市	1985年10月5日	F1	0	0	0	1	
	土佐清水市	1993年9月3日	F1	0	0	0	0	
	土佐清水市	2006年11月26日	F1	0	0	0	0	
	南国市	1968年8月28日	（F1～F2）	0	0	5	不明	
	南国市	1974年7月6日	（F1～F2）	0	0	1	5	
	南国市	1997年9月16日	F1	0	0	0	0	
	南国市	1999年9月24日	F1	0	0	0	0	
	南国市	2013年12月10日	F1	0	0	0	0	
福岡県	大牟田市	1993年6月18日	F1	0	0	0	2	
	遠賀郡芦屋町	1976年8月16日	（F1～F2）	0	5	0	1	
	北九州市	1961年1月24日	F1	0	0	0	0	
	北九州市	1985年6月23日	F1	0	3	0	18	
	北九州市	2004年9月16日	F1	0	0	0	0	
	久留米市	1971年8月23日	（F2）	0	1	1	10	
	福岡市	1977年9月8日	F1	0	0	0	0	
	福岡市	1979年8月22日	F1	0	2	0	0	
	福岡市	2011年8月21日	F1	0	1	0	0	
	八女郡黒木町	1999年8月23日	F1	0	0	0	0	現：八女市
佐賀県	佐賀郡川副町	1981年6月29日	F1	0	31*	0	0	現：佐賀市

（1961～2013年に発生したF1以上の竜巻。海上竜巻を除く。出所：気象庁）

※愛媛県はF1以上の竜巻の記録なし。

付録：全国竜巻発生リスト（5／9）

発生場所		発生日	藤田スケール	死者（人）	負傷者（人）	住家全壊(棟)	住家半壊(棟)	備考
静岡県	浜松市	1962年8月26日	(F2)	0	18	27	168	
	浜松市	1974年9月7日	F1	0	1	1	0	
愛知県	渥美郡赤羽根町	1986年12月19日	F1	0	1	0	5	現：田原市
	渥美郡赤羽根町	1999年5月4日	F1	0	0	0	0	現：田原市
	海部郡弥富町	1999年9月24日	F1	0	0	0	0	現：弥富市
	蒲郡市	1994年9月29日	F1	0	0	1	3	
	蒲郡市	1999年9月24日	F1	0	0	0	0	
	田原市	2002年1月21日	F1	0	0	0	#	
	知多郡大府町	1961年9月15日	(F1～F2)	0	14	6	5	現：大府市
	知多郡南知多町	2000年9月11日	F2	0	#	#	#	
	豊橋市	1969年12月7日	(F2～F3)	1	69	10	46	
	豊橋市	1994年9月29日	F1	0	7	0	0	
	豊橋市	1999年9月24日	F3	0	415	40	309	
	名古屋市	1976年8月3日	F1	0	0	0	5	
	名古屋市	1979年9月4日	F1	1	5	0	4	
	名古屋市	2000年9月11日	F2	0	0	0	#	
	西尾市	1999年11月1日	F1	0	0	0	0	
	尾西市	2001年6月19日	F1	0	2	0	不明	現：一宮市
	宝飯郡小坂井町	1999年9月24日	F2	0	38	1	2	現：豊川市
三重県	亀山市	2011年7月18日	F1	0	0	0	0	
	熊野市	1975年8月22日	F1	0	0	0	0	
	志摩郡志摩町	1990年3月12日	F1	0	0	0	0	現：志摩市
	志摩市	2008年10月24日	F1	0	1	0	0	
	鈴鹿市	2012年9月17日	F1	0	1	0	0	
	三重郡菰野町	1973年1月19日	F1	0	0	0	1	
	四日市市	1979年9月4日	F1	0	6	0	4	
大阪府	泉南郡岬町	1989年9月22日	F1	0	0	0	21	
兵庫県	篠山市	2013年8月23日	F1	0	2	0	0	
和歌山県	東牟婁郡串本町	1988年9月25日	F1	0	20	0	19	
	東牟婁郡串本町	2006年3月28日	F1～F2	0	0	0	0	
	東牟婁郡串本町	2013年9月15日	F1	0	2	0	0	
	日高郡印南町	2007年2月14日	F1	0	0	0	0	
鳥取県	米子市	1984年11月19日	F1	0	0	0	1	
島根県	簸川郡大社町	1975年5月31日	(F2)	0	5*	1*	0	現：出雲市
	簸川郡大社町	1989年3月16日	(F2)	不明	不明	不明	不明	現：出雲市
	簸川郡斐川町	1991年11月3日	F1	0	0	0	2	現：出雲市
岡山県	津山市	1983年7月30日	(F1～F2)	0	0	0	5	

（1961～2013年に発生したF1以上の竜巻。海上竜巻を除く。出所：気象庁）

※滋賀県、京都府はF1以上の竜巻の記録なし。

付録：全国竜巻発生リスト（4／9）

発生場所		発生日	藤田スケール	死者（人）	負傷者（人）	住家全壊（棟）	住家半壊（棟）	備考
東京都	八丈島八丈町	1964年1月17日	F2	0	19	10	11	
	八丈島八丈町	1997年11月17日	F1	0	6	4	4	
	町田市	2001年9月10日	F1	0	1	不明	不明	
	三宅島三宅村	1975年11月15日	F1	0	0	0	0	
神奈川県	川崎市	1978年2月28日	F2～F3	0	36	9	280	
	藤沢市	2006年4月20日	F1	0	0	0	1	
	横須賀市	2002年10月7日	F1	0	3	不明	不明	
	横浜市	2008年12月5日	F1	#	#	#	#	
新潟県	岩船郡荒川町	1973年11月19日	F1	0	1	0	0	現：村上市
	柏崎市	1996年11月30日	F1	0	0	0	0	
	胎内市	2010年10月15日	F1	0	3	0	0	
	中頸城郡大潟町	1968年1月8日	F1	不明	不明	0	2	現：上越市
	新潟市	2010年12月3日	F1	0	7	0	0	
山梨県	北巨摩郡武川村	1992年12月13日	F1	0	0	0	1	現：北杜市
長野県	佐久市	2000年7月4日	F1	0	0	0	0	
富山県	魚津市	1991年6月12日	F2	0	1	0	0	
	黒部市	1972年11月21日	F1	0	1*	0	0	
石川県	金沢市	1991年12月11日	F1	0	4	1	27	
	河北郡内灘町	1971年2月1日	F1	0	0	1	1	
	羽咋郡富来町	1990年4月6日	F2	0	7	4	15	現：羽咋郡志賀町
福井県	小浜市	2013年8月23日	F1	0	1	0	0	
	敦賀市	2001年6月19日	F1	0	0	0	0	
岐阜県	大野郡朝日村	2001年6月27日	F1	0	0	0	0	現：高山市
	加茂郡七宗町	1993年7月14日	F1	0	0	0	0	
	岐阜市	1992年8月12日	F1	0	0	0	2	
	関市	1972年7月12日	(F1～F2)	0	3	0	1	
	本巣郡穂積町	1985年7月11日	F2	0	1	0	7	現：瑞穂市
静岡県	磐田郡福田町	1974年7月8日	F1	0	0	1	不明	現：磐田市
	磐田市	2012年9月18日	F1	0	0	0	0	
	小笠郡千浜村	1962年12月30日	(F1～F2)	0	1	4	14	現：掛川市
	小笠郡浜岡町	1974年7月8日	(F1～F2)	0	0	2	0	現：御前崎市
	掛川市	1992年10月30日	F1	0	1	0	1	
	清水市	1961年10月7日	F1	0	1	1	1	現：静岡市
	周智郡森町	1974年8月27日	F1	0	0	0	1	
	榛原郡御前崎町	1962年8月26日	(F1～F2)	0	0	5	2	現：御前崎市
	浜北市	1974年6月6日	(F1～F2)	0	0	3	不明	現：浜松市
	浜北町	1961年11月22日	(F2)	0	14	4	6	現：浜松市

（1961～2013年に発生したF1以上の竜巻。海上竜巻を除く。出所：気象庁）

付録：全国竜巻発生リスト（3／9）

発生場所		発生日	藤田スケール	死者（人）	負傷者（人）	住家全壊(棟)	住家半壊(棟)	備考
栃木県	真岡市	1976年9月9日	(F1～F2)	0	2*	2*	7*	
	真岡市	2012年5月6日	F1～F2	0	12	13	35	
	矢板市	2011年7月19日	F1	0	0	0	0	
群馬県	群馬郡箕郷町	1981年8月22日	(F2)	0	0	2	39	現：高崎市
	高崎市	1974年3月11日	(F1～F2)	0	0	0	0	
	館林市	2009年7月27日	F1～F2	0	21	14	24	
	利根郡水上町	1999年10月28日	F1	0	0	0	0	現：みなかみ町
埼玉県	浦和市	1971年7月7日	(F3)	1	11	5	1	現：さいたま市
	熊谷市	1970年8月21日	F1	0	0	0	0	
	熊谷市	2013年9月16日	F1	0	6*	10*	12*	
	さいたま市	2013年9月2日	F2	0	64	13	36	
	比企郡川島町	1988年8月10日	(F2)	0	2	0	不明	
	深谷市	2002年7月10日	F2	0	11	7	0	
千葉県	安房郡鴨川町	1967年10月28日	(F2)	0	0	#	#	現：鴨川市
	安房郡鴨川町	1969年8月23日	(F1～F2)	0	#	0	20	現：鴨川市
	市原郡南総町	1966年8月4日	(F2～F3)	0	8	15	0	現：市原市
	海上郡飯岡町	1967年10月28日	(F2～F3)	0	#	#	#	現：旭市
	鴨川市	1990年12月11日	(F2)	0	4	3	13	
	佐原市	1976年4月7日	F1	0	0	0	1	現：香取市
	山武郡大網白里町	1967年10月28日	(F2)	#	#	#	#	現：大網白里市
	山武郡大網白里町	1975年11月15日	F1	0	0	0	0	現：大網白里市
	山武郡九十九里町	2009年10月8日	F1	0	0	1	0	
	千葉市	1971年8月31日	(F2)	#	#	#	#	
	千葉市	1996年7月5日	F2	0	6	0	11*	
	銚子市	1967年3月23日	(F1～F2)	0	32	不明	不明	
	野田市	2012年9月19日	F1	0	0	0	0	
	船橋市	2012年9月1日	F1	0	0	0	0	
	茂原市	1990年12月11日	F3	1	73	82	161	
	八街市	1996年7月5日	F1	0	0	0	#	
東京都	大島町	1975年2月15日	(F1～F2)	0	0	1	0	
	大島町	2000年12月25日	F1	0	0	0	1	
	大島町	2002年10月7日	F1	0	0	1	0	
	大田区	1965年10月14日	(F1～F2)	0	4	不明	不明	
	大田区	2004年9月30日	F1～F2	0	0	不明	不明	
	大田区または世田谷区	1965年8月21日	(F1～F2)	0	6	不明	不明	
	品川区	2008年12月5日	F1	0	0	0	0	

（1961～2013年に発生したF1以上の竜巻。海上竜巻を除く。出所：気象庁）

付録：全国竜巻発生リスト（2／9）

発生場所		発生日	藤田スケール	死者（人）	負傷者（人）	住家全壊（棟）	住家半壊（棟）	備考
宮城県	名取市	1998年9月16日	F1	0	0	0	#	
	本吉郡唐桑町	1992年8月7日	F1	0	2	0	0	現：気仙沼市
秋田県	秋田市	1965年9月30日	F1	0	1	0	1	
	秋田市	1973年10月22日	F1	0	2	0	不明	
	能代市	2009年10月30日	F1	0	1	0	2	
	平鹿郡平鹿町	2000年5月8日	F1	0	0	0	不明	現：横手市
	南秋田郡八郎潟町	2008年11月2日	F1	0	2	0	0	
	山本郡八森町	1999年11月25日	(F1～F2)	0	1	4	不明	現：八峰町
	山本郡八竜町	1987年1月11日	F1	0	0	#	#	現：三種町
	由利本荘市	2002年9月24日	F1	0	0	0	0	
山形県	尾花沢市	1967年10月28日	(F1～F2)	0	0	不明	不明	
	酒田市	1969年11月18日	F1	0	0	0	0	
	酒田市	1994年3月26日	F1	0	0	0	0	
	酒田市	1998年11月15日	F1	0	0	0	0	
	酒田市	2005年12月25日	F1	0	0	0	0	
	東置賜郡高畠町	2000年8月2日	F1	0	0	0	不明	
福島県	いわき市	1974年3月13日	F1	0	0	0	0	
	田村郡船引町	1972年8月13日	(F1～F2)	0	2	4	0	現：田村市
茨城県	稲敷郡東村	1962年7月2日	(F2)	2	65	6	36	現：稲敷市
	牛久市	2010年12月3日	F1	0	0	0	0	
	海上～那珂湊市	1990年12月12日	F1	0	0	0	0	現：ひたちなか市
	鹿島郡旭村	1979年5月27日	(F1～F2)	0	4	4	5	現：鉾田市
	北相馬郡利根町	2009年10月8日	F1	0	4	0	5	
	猿島郡猿島町	1969年8月23日	(F2)	2	107	25	29	現：坂東市
	常総市	2012年5月6日	F3	1	37	76	158	
	多賀郡十王町	1999年10月27日	F1	0	0	不明	不明	現：日立市
	筑西市	2012年5月6日	F1	0	3	0	1	
	つくば市	1993年9月4日	F1	0	0	0	0	
	つくば市	2008年8月28日	F1	0	0	0	0	
	土浦市	2008年8月28日	F1	0	0	0	0	
	土浦市	2009年10月8日	F1	0	2	1	11	
	行方郡麻生町	1969年8月23日	F1	0	0	0	0	現：行方市
栃木県	小山市	1969年8月23日	(F1～F2)	0	20	24	10	
	鹿沼市	2013年9月4日	F1	0	2	0	2	
	下都賀郡壬生町	1990年9月19日	(F1～F2)	0	11	33	23	
	那須塩原市	1971年3月4日	(F1～F2)	0	1	3	1	
	芳賀郡益子町	1992年5月23日	F1	0	0	0	106	

（1961～2013年に発生したF1以上の竜巻。海上竜巻を除く。出所：気象庁）

付録：全国竜巻発生リスト（1／9）

発生場所		発生日	藤田スケール	死者（人）	負傷者（人）	住家全壊(棟)	住家半壊(棟)	備考
北海道	網走市	2012年7月31日	F1	0	0	0	0	
	雨竜郡北竜町	2001年6月29日	F2	0	3	1	2	
	奥尻郡奥尻町	1974年10月3日	(F1～F2)	0	0	2	2	
	奥尻郡奥尻町	1975年9月8日	(F1～F2)	0	1	3	6	
	奥尻郡奥尻町	2006年11月9日	F1	0	0	0	0	
	樺戸郡新十津川市	1998年9月15日	F1	0	0	0	0	現：十津川町
	札幌市	1992年7月9日	F2	0	5	0	0	
	沙流郡日高町	2006年11月7日	F1	0	0	0	0	
	沙流郡平取町	2006年10月11日	F1	0	0	0	0	
	沙流郡門別町	1980年10月31日	(F1～F2)	0	3	1	25	現：日高町
	沙流郡門別町	1994年10月5日	F1	0	0	0	0	現：日高町
	沙流郡門別町	1994年10月5日	F1～F2	0	0	0	0	現：日高町
	沙流郡門別町	2004年10月22日	F2	0	0	0	4	現：沙流郡日高町
	千歳市	1997年10月20日	F1	0	0	0	0	
	天塩郡遠別町	1996年10月8日	F1	0	0	0	0	
	天塩郡天塩町	1993年9月1日	F1	0	0	0	0	
	常呂群佐呂間町	2006年11月7日	F3	9	31	7	7	現：佐呂間市
	苫小牧市	1997年10月7日	F1	0	0	0	0	
	苫小牧市	1997年10月20日	F1	0	0	0	0	
	苫前郡羽幌町	1971年10月17日	(F2)	0	0	#	#	
	日高郡新ひだか町	2006年10月11日	F1	0	0	0	0	
	日高郡新ひだか町	2006年10月11日	F1	0	0	0	0	
	日高郡新ひだか町	2013年1月2日	F1	0	1	0	0	
	檜山郡上ノ国町	1974年10月20日	(F1～F2)	0	0	0	0	
	増毛郡増毛町	1992年9月17日	F1	0	0	0	0	
	松前郡松前町	1979年11月2日	(F2)	0	1	0	不明	
	夕張郡由仁町	1962年10月13日	(F2)	0	3	1	不明	
	利尻郡東利尻町	1962年9月28日	(F2)	1	1	0	1	現：利尻富士町
	礼文郡礼文町	1973年9月27日	F1	0	0	0	0	
青森県	北津軽郡板柳町	2008年6月13日	F1	0	0	0	2	
	三戸郡倉石村	1972年8月4日	F1	0	0	0	0	現：五戸町
	十和田市	1963年7月14日	F1	0	1	0	0	
	西津軽郡岩崎村	2001年6月1日	F1	0	0	0	0	現：深浦町
	弘前市	2012年7月5日	F1	0	1	0	5	
	むつ市	1965年9月5日	(F2)	0	6	31	16	
宮城県	加美郡小野田町	1966年6月27日	(F2)	0	6	不明	不明	現：加美町
	加美郡小野田町	1988年6月18日	F1	0	1	0	0	現：加美町

（1961～2013年に発生したF1以上の竜巻。海上竜巻を除く。出所：気象庁）

※岩手県はF1以上の竜巻の記録なし。

【著　者】
森田 正光（もりた まさみつ）
1950年名古屋市生まれ。（財）日本気象協会勤務を経て、1992年、民間の気象会社（株）ウェザーマップ、2002年には気象予報士受験スクール（株）クリアを設立。親しみやすいキャラクターと個性的な気象解説で人気を集め、テレビやラジオ出演のほか全国で講演活動も行っている。（公財）日本生態系協会理事、環境省「地球いきもの応援団」メンバー。主な著書に「ゼロから理解する気象と天気のしくみ」（誠文堂新光社）、「大手町は、なぜ金曜に雨が降るのか」（梧桐書院）ほか。

森 さやか（もり さやか）
アルゼンチン・ブエノスアイレス生まれ。日本女子大大学院心理学専攻博士前期課程修了。在日米国商工会議所勤務を経て、2011年よりNHK国際放送「NHK World」気象キャスター。（株）ウイング所属。気象予報士。日本気象予報士会会員、日本航空機操縦士協会・航空気象委員会会員。

【イラスト】
川上 智裕（かわかみ ともひろ）
TBSテレビで気象CGを担当。

竜巻のふしぎ
—地上最強の気象現象を探る
Wonders of Tornadoes

2014年８月25日　初版１刷発行

検印廃止
NDC 451.5

ISBN 978-4-320-04727-3

著　者　森田正光
　　　　森さやか　©2014

発　行　**共立出版株式会社**／南條光章
東京都文京区小日向4-6-19
電話　03-3947-2511（代表）
〒112-8700／振替口座00110-2-57035
http://www.kyoritsu-pub.co.jp/

印　刷
製　本　錦明印刷

一般社団法人
自然科学書協会
会員

Printed in Japan